スペ
トラ
フォーメーション

人類の生存圏が
拡大する時代に向けて

DigitalBlast代表
堀口真吾

SOGO HOREI PUBLISHING CO., LTD

はじめに　～宇宙環境利用が社会を変える～

これまで、宇宙開発は国家主体で実行されてきました。

旧ソビエト連邦の人工衛星打ち上げや有人宇宙飛行、米国のアポロ計画による人類初の月面着陸、国際宇宙ステーション（ＩＳＳ）などは全て国家主導でした。

しかし、宇宙開発は今、民間主導に変貌しつつあります。ロケットの多くは民間企業が打ち上げ、人工衛星の数は日ごとに増加しています。宇宙飛行を体験する民間人もいます。２０３０年代には民間宇宙ステーションが誕生するでしょう。アルテミス計画という国際協力による深宇宙探査が始まるなど、人類はすでに宇宙に生存領域を拡大し始めているのです。

月に人間が住む、人類が火星に行くという時代の到来はそれほど遠いことではありません。深宇宙探査は科学的な知識の向上につながり、宇宙の起源や進化、地球外生命の有無など、重要な問いに答える可能性があります。人類が地球外に移住することも含めて、人類の未来への展望を広げます。

DigitalBlastは〝宇宙に価値を〟をミッションに設立した企業です。起業前、私はＩＴ・デジタル領域を専門とするコンサルタントとして、インターネットが普及し、ビジネスや社会が激変する様子を目の当たりにしてきました。

今、世界中で勢いを増す宇宙ビジネスの状況は、世界を変えたＩＴ革命前夜と同じであるように感じます。まさに宇宙が社会を変える、「スペース・トランスフォーメーション」が起きつつあり、宇宙という場を利用していかに価値を生み出していくかが問われています。

本書では、宇宙ビジネスに関心を持つ方や、宇宙という環境を利用して新たな発見を生み出したいと考えている方などに向け、前半では宇宙開発の歴史、現状や宇宙ビジネスの紹介、後半ではDigitalBlastが力を入れる宇宙環境利用について、さらに、民間による宇宙開発が活発化する時流を捉え、宇宙産業をいかにして盛り上げていくべきかについて書いています。

なお、本書は、宇宙ビジネスが成功するためのスキームを解説したり、宇宙にかける思いを語ったりする本ではありません。そうではなく、宇宙にはどのような特徴があり、環境としてどのように使うことができるのか、そして、今後ＩＳＳが退役し、「ポストＩＳＳ」といわれる時代になるに際し、どのような設備・機能・サービスがあれば良いかを解説しています。

私たちは宇宙産業全体と他産業との有機的なつながりを生み出し、新たな宇宙ビジネスを創出していきたいと考えています。「宇宙環境利用」は、今後、人類と宇宙という関係性の中で最も大きな要素になると考えています。

多くの皆さまが宇宙に関心を持ち、私たちとともに宇宙環境利用への一歩を踏み出していただくことを願っています。

株式会社DigitalBlast　代表取締役CEO　堀口　真吾

第1章　新時代を迎えた宇宙開発と宇宙ビジネス

第2章　宇宙開発の歴史と現状

第3章　宇宙ビジネスの主舞台はLEO

第4章　宇宙に人が行く、住む時代に

第5章　対談・宇宙実験の先駆者と語る展望

第6章　スペース・トランスフォーメーション実現のために

本文デザイン・DTP：横内俊彦
装丁：木村勉
校正：津田正之
編集協力：斗ヶ沢秀俊

第 1 章
新時代を迎えた宇宙開発と宇宙ビジネス

2024年の日本の宇宙開発

H3打ち上げ、SLIMの成功

2024年2月17日午前9時22分55秒、国立研究開発法人宇宙航空研究開発機構（JAXA）は鹿児島県の種子島宇宙センターから、H3ロケット試験機2号機を打ち上げました。

ロケットは第2段機体を所定の軌道に投入するとともに、打ち上げから16分43秒後に、搭載したキヤノン電子の超小型人工衛星「CE-SAT-IE」の分離を確認、宇宙システム開発利用推進機構などの超小型人工衛星「TIRSAT」も軌道に投入しました。打ち上げは無事に成功しました。

Ｈ３ロケットは、現在の日本の主力ロケットであるＨ２Ａ／Ｈ２Ｂの後継ロケットとして、ＪＡＸＡと三菱重工業が２０１４年に開発を開始し、２０２３年３月７日に試験機１号機を打ち上げました。しかし、第２段の電気系統のトラブルにより飛行中止し、搭載していた先進光学衛星「だいち３号（ＡＬＯＳ－３）」を失いました。

打ち上げ失敗から１年足らずでの２号機の打ち上げ成功に、会見した山川宏ＪＡＸＡ理事長は「日本の宇宙活動の自律性、国際競争力の確保に向けて大きく前進した」と喜びを語りました。

Ｈ３は６・５トンの衛星を搭載できる「基幹ロケット」として、２０２０年代の日本の宇宙輸送の主力となると期待されています。

ＪＡＸＡは、２号機の打ち上げに成功する１カ月前の１月20日、小型月着陸実証機（ＳＬＩＭ）を月面に着陸させ、地球との通信に成功しました。

ＳＬＩＭは１００ｍ精度のピンポイント着陸の技術実証を主ミッションとしていましたが、実際には当初の目標着地地点から東側に55ｍ程度の位置で月面に到達していることが確認されました。

今後のピンポイント着陸技術に必要な着陸に至る航法誘導に関する技術データ、降下中および月面での航法カメラ画像データを取得したほか、接地直前には小型プローブの放出を実施、ＳＬＩＭに搭載されたマルチバンド分光カメラでの撮像にも成功しました。

ＳＬＩＭの着陸時の姿勢が計画通りではなかったことから、太陽電池による電力発生ができず、２時間37分後には地上からのコマンドでＳＬＩＭの電源をオフにして運行を中止しましたが、主目的を達して十分な成果を挙げたと言えます。

２０２４年3月13日には、民間の小型ロケット「カイロス」が和歌山県串本町で打ち上げられました。しかし、ロケットは打ち上げ直後に爆発炎上し、打ち上げは失敗に終わりました。機体自身が何らかの異常を検知し、安全確保のために指令破壊したのです。搭載していた政府の小型衛星は失われました。

２０１８年に施行された宇宙活動法により、国の許可のもと民間ロケットによる人工衛星の打ち上げが可能になりました。

カイロスを開発した「スペースワン」（本社・東京）は、キヤノン電子やＩＨＩエアロスペースなど４社の出資で設立されたスタートアップ企業です。スペースワンは２０２０年代半ばに年間20回のロケット打ち上げを目指していますが、ロケット開発の難しさを示す結果となりました。

宇宙開発は民間主体へ

ロケット打ち上げの1強はSpaceX

２０２４年前半の日本のロケット打ち上げは明暗が分かれる結果になりましたが、米国は日本のずっと先を走っています。宇宙開発は国家主体から民間主体へと変わり、民間企業が次々と重要な成果を挙げています。

特に注目されるのは、電子決済サービス「ペイパル」を足掛かりに、電気自動車、太陽光発電などのビジネスで成功し、Twitter（Xと改名）の買収でも知られるイーロン・マスク氏の率いる米SpaceX社です。

2002年に設立された同社は2012年、民間機として初めて国際宇宙ステーション（ISS）へのドッキングを成功させ、補給物資や実験装置を送り届けました。2020年には、民間企業として史上初となる有人宇宙船の打ち上げ、およびISSドッキングを成功させました。さらに、2021年9月、搭乗者が民間人のみの宇宙船「クルードラゴン」を打ち上げ、3日間にわたり地球を周回し、海に着水しました。クルードラゴンはISSの軌道よりも高い高度585kmに到達しました。

SpaceXはロケットの再利用の開発にも挑戦し、これを実現させました。この結果、ロケットの打ち上げコストが低減化され、打ち上げ頻度は高まりました。

2021年に31回、22年に61回、23年に96回の打ち上げに成功しています。**4日に1回のペースでロケットを打ち上げている**のです。

23年の世界のロケット打ち上げ回数は212回で、対22年比18%増となり、過去最高を記録しました。SpaceXはその45%を占め、ロケット打ち上げの1強と言える存在になっています。

再利用可能なロケット技術の開発は、打ち上げコストの大幅な削減を実現しました。それにより、小型衛星の打ち上げ市場が活性化されました。

小型衛星の最大のメリットは、安価で早く製造できる点にあります。

従来の大型衛星の多くは、設計から打ち上げまでに5年以上の期間を必要としていました。5年たてば、市場の動向が大きく変わり、ビジネスとして成立しなくなるリスクがあります。

一方、小型衛星だと最短で1、2年で作ることが可能です。ビジネス投資を考えるうえで、この違いは非常に大きいものがあります。

小型衛星であれば数千万円の低予算で実現できるため、ビジネスの見通しを立てやすく、リスクも小さく済みます。

小型衛星の打ち上げ費用減少によって衛星通信や衛星からの観測データの取得といった民需が拡大し、それが打ち上げ費用のさらなる低減につながるという良循環が実現されています。

SpaceXは今、スターシップ（Starship）の開発を進めています。

スターシップは完全再使用型の2段式超大型ロケット・宇宙船です。ロケットの2段目の部分がスターシップで、1段目のブースター部分はスーパーヘビーと名付けられています。2段目は長期間の軌道滞在が可能な乗客・貨物兼用の宇宙船として設計されています。

スターシップは米国航空宇宙局（NASA）のアルテミス計画（詳細は65ページに記載）の月着陸船に選定されており、2026年の月面着陸が計画されています。

2023年4月に1回目のスターシップ打ち上げを実施しましたが、数分後に上空で爆発。

同年11月の2回目の打ち上げでは、ブースターから宇宙船の分離に成功して宇宙空間に到達した直後に爆発しました。いずれも燃料漏れなどのトラブルが原因とみられています。世界を牽引するSpaceXでさえ、ロケット開発は難しいのです。

３回目の打ち上げは２０２４年3月14日。宇宙船はブースターから分離して宇宙空間に到達し、約1時間飛行しました。予定していたインド洋には着水しませんでしたが、前2回に比べると前進しており、マスク氏は同日、Xに「軌道速度に到達した。おめでとう」とコメントし、ＮＡＳＡのビル・ネルソン長官もXで「試験飛行の成功おめでとう」と投稿し、この成果を称えました。

スターリンクによる通信革命

マスク氏の事業家としての優れた点は、ロケット開発や打ち上げのみならず、通信事業という地上のビジネスにつなげ、成果を挙げていることです。

地球上のほぼ全域での衛星インターネットアクセスを可能にするStarlink（スターリンク）事業の開発は２０１４年に始まり、２０１８年にプロトタイプのテストフライト衛星2機を打ち上げました。２０１９年5月には、商用サービスに向けた大規模な打ち上げが実施され、60機の運用衛星が配備されました。

現在では、5000機以上の衛星が低軌道で運用され、衛星コンステレーション（衛星群）を構成しています。

インターネット通信には、固定のネット回線や、既存の衛星通信を用いたサービスがあります。

固定のネット回線は、接続ケーブルを引いたり、基地局からモバイル端末に電波を送信したりすることで、インターネット通信を提供しています。通信の遅延が少なく、安定してデータ通信ができる一方、通信回線の敷設や電波塔の設置などが必要で、山間部や離島、海上などの条件では通信が難しいという課題があります。

また、既存の衛星通信は、高度約3万6000㎞にある静止衛星を利用しています。環境を問わず通信できる利点があるものの、地上と衛星との距離が遠いため、通信速度の低下や遅延が生じるという欠点がありました。

スターリンクは衛星が高度約550㎞の地球低軌道を周回しています。これにより、電波塔などの設備や通信回線施設が不要で、かつ通信速度も速くなります。ネット回線と既存の衛星通信が抱えていた課題を一挙に解決できる通信方法なのです。

スターリンクは世界各国で利用されており、日本ではKDDIがスターリンクと提携して、2022年10月からサービスを開始しました。2023年には、ソフトバンク、NTTドコモなども同様のサービスを始めました。

2024年1月1日に発生した能登半島地震では、光ケーブルなどの設備の損傷や基地局の停電により、大規模な通信障害が発生しました。道路が寸断され、設備の早期回復は困難な状況にありました。そこで活躍したのがスターリンクです。

KDDIとソフトバンクがスターリンクの受信アンテナを各地の避難所などに無償提供しました。周辺にいる被災者は、スマートフォンなどでネット通信できるようになりました。

SpaceXは2020年代半ばまでに総数約1万2000機の衛星を高度550㎞の

軌道のほか、高度１１５０㎞、高度３４０㎞の軌道に配備する計画です。スターリンクは通信分野で革命を起こしつつあるのです。

宇宙旅行を果たしたベゾス氏

マスク氏と並ぶ起業家であるジェフ・ベゾス氏も宇宙分野のキーパーソンの一人です。米国オンライン通販大手「アマゾン」創設者で、ワシントンポスト紙を買収して経営を黒字化させたことでも知られるベゾス氏は２０００年、有人宇宙飛行事業を目的とする民間企業 Blue Origin 社（ブルーオリジン）を設立しました。アマゾンがまだ黒字化していない時点での起業でした。

ベゾス氏はロケット研究者だった祖父や、ＳＦテレビドラマ『スタートレック』の影響で、科学や宇宙への強い関心を抱き、物理学者を目指していたといいます。

Blue Origin は商業的な宇宙旅行の実現を目指し、再利用可能なロケット技術の開発や有人宇宙船の開発に取り組んでいます。

弾道飛行用の打ち上げシステムである「ニューシェパード」は、乗客6人を乗せる乗員カプセルと、それを打ち上げるロケット動力推進モジュールから構成されています。

乗員カプセルがロケットの先端に搭載された状態で発射され、飛行中に分離されます。乗員カプセルは飛行を続けた後にパラシュートで降下して軟着陸します。

2021年7月20日には、ベゾス氏を含む乗客4人を乗せたニューシェパードが10分あまりの飛行で高度107㎞の宇宙に到達し、世界初の宇宙旅行に成功しました。Blue Origin は月着陸船「ブルームーン」の開発も進めています。

民間企業初の月面着陸に成功

米 Intuitive Machines 社（インテュイティブ・マシーンズ）はNASA出身者らが2013年に起業しました。

2024年2月23日、同社の開発した無人月着陸船「Nova-C（ノバシー）」

が月面に着陸し、地球との交信に成功しました。民間企業では世界で初めてで、米国としては「アポロ17号」以来、半世紀ぶりの月への着陸となりました。

ギリシア神話の英雄「オデュッセウス」の愛称を持つＮｏｖａ－Ｃは同年２月15日にフロリダ州のケネディ宇宙センターからSpaceX のロケット「ファルコン９」で打ち上げられ、２月22日に氷が存在するとされる月の南極近くに着陸しました。

着陸船は高さ４・３ｍ、直径１・６ｍで、重さ６７５kg。ペイロード（貨物）は最大１３０kgまで搭載でき、このミッションではＮＡＳＡの科学調査機器など12のペイロードを月に輸送しました。

月面着陸は、月輸送を民間企業に有償で委ねるＮＡＳＡのプロジェクト「ＣＬＰＳ（Commercial Lunar Payload Services）」での選定を受けて実施されました。

ＣＬＰＳは月面に物資を輸送する手段の開発を民間に委託するため、米国の民間企業を選び、２０２８年までに最大26億ドルの資金提供をする計画です。

米政府の投資が奏功

なぜ、米国の民間企業は低コストのロケット打ち上げを実現するなど、宇宙ビジネスをリードできているのでしょうか？

SpaceXが民間投資だけで完成させた初のロケットの商業打ち上げに成功したのは2009年です。米国のミサイル試験場からロケット「ファルコンI」を打ち上げ、マレーシアの地球観測衛星を地球軌道上に投入しました。2017年には世界初となる第1段ロケットの再利用打ち上げに成功しました。

同社は「民間の力だけ」でロケット開発を進めたわけではありません。**SpaceXの提供する打ち上げサービスを、ロケット開発段階から積極的に買い上げて支援したのは、ほかでもない米国政府**です。

「ファルコンI」は3回打ち上げに失敗し、4回目の打ち上げでようやく成功しました。1号機、2号機はいずれも米防衛高等研究計画局（DARPA）の技術試験衛星を搭載しました。3号機はNASAと米軍の小型衛星を搭載していました。民間に国の衛星を任せて資金を投入し、スタートアップ企業の育成を図ったのです。

米国は宇宙産業振興のため、SpaceXの初期の打ち上げから支援しました。信頼性が未知数であるスタートアップが開発したロケットであっても積極的に支援するのが米政府の民間企業支援策なのです。

SpaceXの場合、躍進のきっかけになったのは、2006年にNASAと契約した商業軌道輸送サービス（COTS）でした。COTSはNASAが計画した民間企業によるISSへの輸送サービスです。これを落札したのが、「元祖宇宙ベンチャー」として実績のあったOrbital ATKとSpaceXでした。

注目してほしいのは、この時点でロケットの打ち上げ実績を全く持っていないスタートアップのSpaceXが落札できたという点です。米国政府は、実績のない企業であっても、政府が要求する技術要件や資金などの一定の基準を満たし、有益になると判断すれば、契約に問題はないと判断するのです。

ＣＯＴＳ契約のもと、SpaceXは政府の支援を受けて実績を重ね、２００９年の商業ロケット打ち上げ成功につなげたのです。

日本の宇宙産業に求められる「民間開放」

宇宙産業の裾野拡大を

宇宙産業は、産業育成という側面があまり重視されない期間が長く続きました。そのため、実績ある企業のみが継続して宇宙事業に取り組むこととなり、その結果、経験やノウハウの蓄積に偏りが生じて新規参入のハードルも高くなったことで、産業としての広がりが見られなかったのです。

実績のないスタートアップに投資し、一から育てた米国政府と違い、日本政府は民間を活用する事業を実施しようという場合に、まず「過去の実績」や「会社の規模」

を問います。おそらく、「国民の税金を使うため、可能な限り失敗を避ける」ことを優先するためでしょう。

確かに、公共事業において、可能な限り失敗を避け、無駄な税金を使わないという考え方は重要です。しかし、新分野の産業を振興する際、政府がある程度の失敗を許容し、前進していく意識を持たなければ、民間の活力を生かして産業を発展させることは不可能です。

政府は２０２３年11月、宇宙ビジネスの競争力を高めるため、10年で１兆円の「宇宙戦略基金」を創設することを決めました。宇宙領域のスタートアップ企業の育成や他分野からの参入の促進を狙いにしています。企業はこれを好機と捉え、「どうすれば官の資金を有効に使えるか」を考えていく必要があります。

では、今後はどうすれば良いのか。

DigitalBlastの提言は第6章に詳述しますが、ポイントを述べておきます。政府はまず、新産業をもたらすチャレンジである宇宙産業については、一般の公共事業と一線を画し、日本にとって将来有益となる投資だという認識を持って、政策を立案、実行していく必要があります。

米国のように実績のない企業であっても入札などで選定できるようになるには、**真の技術力や実行力を見抜く「目利きの力」が必要**です。

また、民間企業が投資できない、経済的効果に直接つながるわけではない宇宙基礎科学の分野に特化して資金を投入すべきです。持続的に科学振興を推進した結果、イノベーションが興り、経済活動の発展に結び付いた事例は多くあります。

米国はハッブル宇宙望遠鏡や火星探査機シリーズ、火星の表面を走破した無人探査機「スピリット」「オポチュニティ」など、宇宙科学分野で次々と成果を上げてきました。そうした積み重ねがあったからこそ、民間企業側から「宇宙旅行」「火星移住計画」といった目標が登場し、SpaceXをはじめとした企業が躍進して、経済活動と力強く結び付くに至ったのです。

民間企業はどうすれば良いのでしょうか。

日本の宇宙産業はプレーヤーが限定された状態が長く続いてきました。まず、多くの企業が宇宙産業に自社が加わる可能性を検討し、宇宙産業の裾野を拡大して多様な挑戦を行う意欲を高めることが必要です。

宇宙に関連した大規模な産業が創出されることを見据え、自社のサービス・製品を宇宙産業にどう生かすべきか、今こそ各企業が真剣に探索してほしいと願っています。

組織文化の変革を

現在、産業界の新潮流はIoT（Internet of Things）やＡＩ（人工知能）、ビッグデータなどのデジタルビジネスです。日本はこの新潮流に乗り遅れています。デジタルビジネスは米国を中心に動いています。

なぜ、日本はデジタルビジネスに乗り遅れたのでしょうか。

「もの売りビジネスからデジタルビジネス（サービス化）にシフトできなかった」

「グローバル化の遅れ」など、さまざまな理由が挙げられますが、その根本にあるのは「リスクを避ける組織文化」にあると、私は考えます。

日本は国内市場がそれなりに大きいため、新たなビジネス展開や海外展開に打って出るよりも、既存ビジネスの延長線上でビジネスを広げることがリスクの最小化につながるという発想にとどまっています。

しかし現実には、日本はすでに人口減少が始まっていて、国内市場は中長期的な視点では決して安泰ではありません。それなのに、中長期的視点から新機軸のビジネス展開に取り組む動きは活発ではありません。

これは、かつてさまざまなイノベーションを起こしてきた日本企業の多くで創業者が引退し、成長に伴って組織が大きくなったことで意思決定のスピードが以前より遅くなったこと、過去の成功に基づいて収益を上げるための組織構造・組織文化が強固に出来上がっているからこそ、急激な社会・経済状況の変化に対応できてない面があるといえます。

こうした組織文化を変革するためにも、私は日本の大企業が宇宙ビジネスに目を向け、宇宙ビジネスをニューフロンティアと位置付けて真剣に取り組むことを期待しています。

株主などのステークホルダーからは「宇宙は本当にビジネスになるのか」といった疑問の声が出てくることでしょう。しかし、宇宙には「金のなる木」がいくらでも存在します。

例えば、太陽系には、地球上では希少で価値の高いレアアースを多く含むとみられる小惑星があります。月には常に太陽に面している場所があり、エネルギー創出の場として注目されています。

また、宇宙を舞台とした映画や広告の制作、宇宙旅行など、宇宙エンターテインメントも活発になるでしょう。つまり、発想次第で可能性は無限に広がるのです。

大企業が積極的に投資をすると、リスクは軽減されます。しかし、一度確立した組織文化を変えることは難しいため、少しずつ変革する必要があります。そのきっかけとして、既存事業とは別物で飛躍が必要な宇宙ビジネスを活用できるのではないでしょうか。

どんな企業でも、宇宙ビジネスは新規事業と位置付けることができます。それだけでなく、市場が国内に閉じていないため、最初からグローバルな視点で取り組むことになります。

いきなりロケット開発や資源探査事業に参画するのは難しいかもしれませんが、まずは自社にとって身近な分野から段階的に始めるのが良いでしょう。GPSや衛星リモートセンシングなど、宇宙データの活用からスモールスタートを切る方法も一案だと思います。

DigitalBlastの描く未来

ミッションは〝宇宙に価値を〟

ここで、DigitalBlastについて説明しておきます。

DigitalBlastは、〝宇宙に価値を〟をミッションに、より多くの方が宇宙環境を利用したビジネスや研究に取り組めるよう、現在は小型ライフサイエンス実験装置の開発を中心に研究開発を行っています。

また、DX（デジタル・トランスフォーメーション）や宇宙ビジネスに関するコンサルティングなどを行う関連会社DigitalBlast Consultingとも連携して、宇宙産業の裾野拡大に貢献することを目指しています。

宇宙産業は他産業とのつながりが限定的で、かつ他産業の側からも関連があるとは見られにくい点が課題で、圧倒的な成功企業が生まれにくい環境にあります。DigitalBlastはその環境において、宇宙産業拡大のフックとなる存在を目指しています。

また、宇宙産業全体と他産業との有機的なつながりを生み出し、新たな宇宙ビジネスを創出していきます。宇宙産業参画および拡大にかかわるヒト・モノ・カネ・情報の流動化を図り、新たな宇宙産業の価値確立に努めます。

メディア・イベント事業の展開

DigitalBlastが取り組む事業の一つに、メディア・イベント事業があります。メディアとしては最先端技術からエンターテインメントまで宇宙の幅広い情報をお伝えする情報サイト「SPACE Media」を運営しているほか、宇宙エンターテインメントのYouTubeチャンネル「スペース・コラボ（Space Collaboration）」も展開しています。

また、イベント事業としてはＪＡＸＡや各省庁が主催する宇宙関連のシンポジウム、カンファレンスの企画・運営、事務局業務なども行っています。

メディアやイベントという、一見、宇宙ベンチャーとしては珍しい事業を行っているのは、ウェブサイトでの情報発信やイベントの開催を通じて宇宙への関心を高めることが、将来的な宇宙環境利用の市場を広げることにつながると考えているからです。

２０２２年には、欧州委員会（ＥＣ）、欧州宇宙機関（ＥＳＡ）による衛星データ活用ビジネスのアイデアを募るコンテスト「コペルニクス・マスターズ」の日本大会を主催しました。

コペルニクス・マスターズ地方大会パートナー契約を結び、コンテストを実現しました。地上、海上、大気の環境状況の監視と安全保障に関する衛星データを活用した

多数の参加者でにぎわったSpaceLINK 2023
（2023年9月、東京ドームホテルにて）

社会とビジネスのための革新的なソリューションや開発、発想に対して賞を授与しました。

DigitalBlastがＥＳＡと協力できるのは、ＩＳＳでしっかりと国際協力をしている日本に対する信頼があればこそのことでしょう。

海外の機関、企業とともに事業を大きくしていくには、国際協力が重要です。

また、２０２２年、２０２３年に東京で総合宇宙イベント「SpaceLINK」を開催しました。

「あなたと宇宙がつながる日」をコンセ

プトとし、ビジネスやテクノロジー、サイエンス、エンターテインメントなどさまざまな領域において、人々と宇宙が〝つながる〟ことを目指したイベントです。

イベントは20人以上の専門家が宇宙と〝つながる〟ことをテーマに語り合うトークセッションと、宇宙領域と関わりのある企業や団体による展示ブースで構成されました。

2回目の開催では、初回から倍増の30を超える宇宙ビジネスに関連した企業・団体・地方自治体が、本イベントに共感し、サポーター（協賛企業・メディアパートナー）になってくださいました。手前味噌ですが、宇宙ビジネスや地域活性化、衛星データ活用、月面開発、宇宙エンタメなど幅広いテーマを取り上げたことで、宇宙への興味関心を喚起する一助になったのではと感じています。

夢は民間宇宙ステーション建設

DigitalBlastは2022年12月、日本初の民間宇宙ステーション（CSS）構想を発表しました。2030年までに最初のモジュールを打ち上げる計画としています。後述するように、ISSは2030年に運用を終える予定で、ISS退役後を見据えた「ポストISS」の検討を進める必要があります。

米国では、NASAの「商用地球低軌道開発（CLD）」プログラムで選定されたBlue Originや、2020年代半ばに世界初の商用宇宙ステーションの打ち上げを目指す米Axiom Space社（アクシオム・スペース）などの企業が、「ポストISS」を担う民間宇宙ステーションの開発を進めています。

一方、日本国内では具体的な動きが出ていません。近年、アルテミス計画をはじめとした有人宇宙探査が盛り上がりを見せており、月周回軌道に設置するゲートウェイや月面での活動に向けた取り組みも並行して検討しなければなりません。

DigitalBlastはこの状況を踏まえ、CSS構想を立ち上げました。

日本はISSの日本実験棟「きぼう」における開発・運用実績を多く保有しています。この技術・知見を生かし、地球低軌道（LEO）経済圏と惑星間経済圏の創出と融合を目指します。協力企業とともに２０３０年までに１基目のモジュールの打ち上げを実現したいと考えています。

ＣＳＳはＩＳＳと同じく高度４００～５００㎞のＬＥＯを周回します。宇宙実験サービスや通信インフラなどの企業・研究機関・官公庁向けのサービスに加え、スポーツや映像・動画配信など宇宙空間を活用したエンターテインメントとして一般消費者向けのサービスも展開する想定です。

構築するＣＳＳのモジュールは、通信やドッキング機構、クルー居住施設などの機能を持つ居住・コアモジュール（Habitat & Core Module）に加え、サイエンスモジュール（Science Module）、エンタメモジュール（Entertainment Module）の３つの構成で計画を進めています。日本実験棟「きぼう」（長さ約11ｍ、直径約４ｍ）の7割程度の大きさの円筒形モジュールを３つ組み合わせます。

サイエンスモジュールは、宇宙実験の環境や資源採取に関する機能を提供するモジ

DigitalBlast が構想する CSS のイメージ

ュールです。DigitalBlast が開発を進める小型ライフサイエンス実験装置「AMAZ（アマツ）」をはじめとする宇宙実験装置を設置し、企業・研究機関に実験環境を提供します。

また、小惑星で採取した資源や燃料などの保存・貯蔵・供給のプラットフォームともなります。惑星資源の地上回収のほか、宇宙ステーション内で3Dプリンタによるオンデマンド生産機能を実装し、In-Space Manufacturing（ISM：宇宙空間での製造）を実現したいと考えています。

エンタメモジュールでは、宇宙ステー

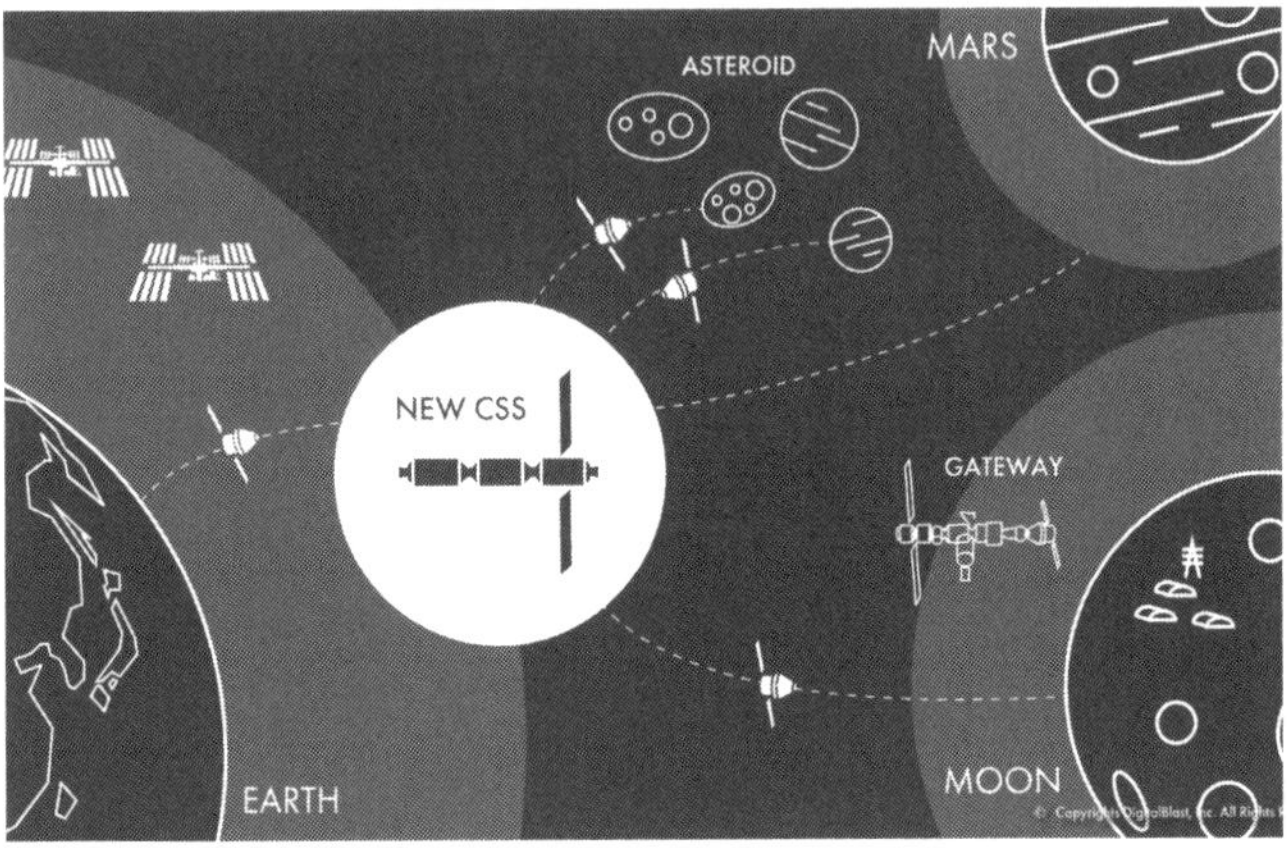

CSS は地球との人や物資の往来のほか、月や火星、小惑星の探査の拠点になる（DigitalBlast 作成）

ションに滞在するクルー向けのエンタメとしての多目的空間提供に加え、ＶＲ（仮想現実）やメタバースを活用し、地上の一般消費者が宇宙空間を楽しむことができるサービスを提供します。多目的空間はスポーツやホテル、撮影スタジオなどとして利用できます。

建設や運用にかかる費用については、ステーションの仕様や打ち上げ頻度・コストなどの要因の変動が大きいため見積もりが難しいところですが、複数の国や企業と共同で開発・運用したり、既存技術をベースに設計・開発を行うことでコストを軽減できる可能性があります。実現すれば、ＬＥＯでの宇宙活動や月・火星・小惑星など地球近傍の天体探査の拠点として機能するでしょう。

DigitalBlastは、この取り組みにおいて、民間主導のＬＥＯ経済圏や、アルテミス計画に主導される月・火星の経済圏の創出に加え、ＣＳＳを拠点とする惑星間の探査機の往復を可能にし、In-Situ Resource Utilization（ISRU：現地調達による資源活用）に基づいた地球近傍小惑星（NEAs：Near-Earth Asteroids）の探査から資源活用をする、惑星間経済圏を創出するシナリオを描いています。

ＣＳＳは、地上とＬＥＯ経済圏、そして惑星間経済圏、月・火星経済圏の起点となる新たなステーションとして、機能することを目指します。

〝宇宙に価値を〟提供するため、新たな宇宙の経済圏を創出し、民間の宇宙利用を促進していきます。

ＮＯＡＨプロジェクトとＡＭＡＺ

ＣＳＳ建設への足がかりとなるのが、現在取り組んでいる「ＮＯＡＨ（ノア）」プロジェクトです。

有人宇宙探査が現実になった際には、宇宙環境での食の確保、特に植物栽培が重要な課題になります。ＩＳＳでの実験を通じて、微小重力環境が植物の育成に大きな影響を及ぼすことが明らかになっています。月や火星の低重力環境下で、植物が十分に育成するかどうかは分かっていません。

DigitalBlastはこの状況を踏まえ、月面で人類が自給自足できる環境をつくるため、生態循環維持システム構築に向けたプロジェクト「ＮＯＡＨ」を立ち上げました。その第一歩となる重力発生装置「ＡＭＡＺ」の開発を進めており、すでにプロトタイプが完成し、２０２６年以降のＩＳＳへの設置・運用を目指しています。

DigitalBlast が開発している AMAZ

ＡＭＡＺは宇宙環境と月面重力における植物生理の研究を主目的としています。装置の一部を回転させることにより生じる遠心力を用いて、月面と同じ地球の6分の1の重力を再現します。6分の1の重力だけではなく、回転速度を変更することによりさまざまな重力環境を再現し、同時比較することが可能です。多様な重力下での栽培を通じて、植物の重力応答に関する基礎データを取得します。

現在、ＡＭＡＺのフライトモデル（実際に宇宙に打ち上げるモデル）の開発・製造に取り組んでいます。

DigitalBlastは2022年、民間宇宙ステーションを開発している米企業Axiom Spaceと、AMAZの打ち上げを含めた業務委託契約を締結しました。

Axiom Spaceは「ISS National Lab」認定パートナーです。委託内容には打ち上げのほか、軌道上での運用、実験容器の回収、打ち上げに向けた事前準備や安全審査などのサポートも含まれています。

同社は2020年代後半に民間宇宙ステーションの打ち上げを目指しており、そこでのAMAZ設置や運用も視野に入れて、連携を進めていきます。

ISSでは、富山大学学術研究部理学系の唐原一郎教授、蒲池浩之准教授の研究グループと共同で、コケ栽培実験を実施します。この実験では、月面と同じ地球と6分の1の重力のほか、再現できる多様な重力下での栽培を通して、植物の重力応答に関する基礎データの取得を目的としています。

個体サイズが小さなコケを栽培することで、植物個体全体に対する重力影響を評価でき、将来の宇宙環境での植物栽培の礎となる実験になります。

また、微小重力環境での栽培・培養の実験環境を研究機関や民間企業に提供し、宇宙ビジネスの発展につながることを期待しています。

植物栽培に加え、宇宙環境が細胞に及ぼす影響も把握する必要があります。そこで、DigitalBlastはNOAHプロジェクトの新たな取り組みとして、微小重力環境での細胞培養実験に特化した小型ライフサイエンス実験装置「AMAZ Alpha（アマツ・アルファ）」を開発することにしました。

AMAZ AlphaはAMAZと同様に、回転速度を変更して多様な重力下での培養を行うことが可能で、細胞の重力応答などの基礎データを取得できます。

これまでの宇宙実験における細胞培養では、培地の交換など宇宙飛行士による操作や作業が発生していました。しかし、この装置では培地の自動交換機能や試薬の自動送液機能を搭載し、宇宙飛行士の作業工数を削減できます。

また、細胞観察装置を内蔵し、実験環境下のまま細胞の変化を観察することができるようにします。装置内で実験を完結できるのです。

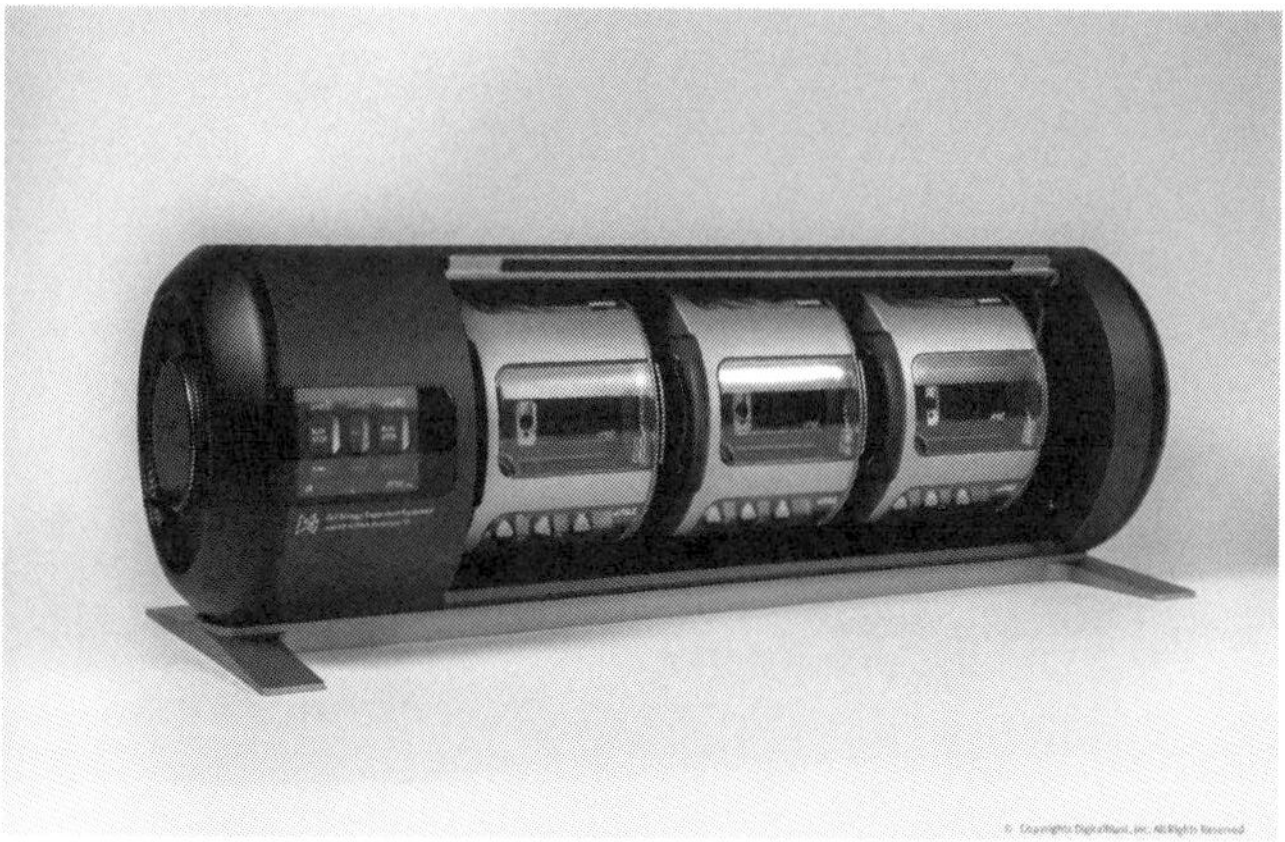

AMAZ Alpha のイメージ

AMAZ Alphaは2028年以降のISSへの打ち上げを目指し、研究・開発を進めています。

NOAHプロジェクトではさらに、高等植物の栽培実験を目的とした「TAMAKI（タマキ）」など、さまざまな実験装置を拡充していく方針です。

AMAZやAMAZ Alphaを収納して精密な温度管理環境下での実験を可能とする可搬型インキュベーター、iPS細胞などを用いた立体培養実験用装置「AMAZ Omega（アマツ・オメガ）」の開発にも将来的に取り組んでいく予定です。

これらの一連の活動は、私がDigitalBlastを創業する前から実現したいと構想を描いてきました。私たちが開発・提供する実験装置が、さまざまな民間企業や研究者にとって新たな宇宙実験の機会の創出になるよう願っています。

ＡＭＡＺでのコケ栽培は第一歩です。ＡＭＡＺや今後開発される実験機器で行われる宇宙実験の一つひとつが将来的に、宇宙環境での食の確保や、月面で自給自足できる環境の実現につながります。生命科学は今後、人類が宇宙で活動するにあたり必要不可欠な研究分野です。もし、宇宙での実験に関心を持つ読者の方がいらっしゃれば、ぜひ一緒に共同研究などの取り組みも進めていきたいと考えています。

第2章
宇宙開発の歴史と現状

宇宙開発の歴史

アポロ計画からスペースシャトルへ

宇宙開発はソビエト連邦（当時）が先行しました。１９５７年、ソ連は世界初となる人工衛星スプートニク１号の打ち上げに成功しました。同時期に人工衛星の開発を進めていた米国はこれに衝撃を受け、「スプートニクショック」と呼ばれました。

米国は翌１９５８年、ＮＡＳＡを創設して、人工衛星の次の目標となる有人宇宙飛行計画「マーキュリー計画」を開始し、巻き返しを図ります。

しかし、１９６１年４月、宇宙飛行士ユーリ・ガガーリンの乗るボストーク１号が地球を1周し、有人宇宙飛行でもソ連が先んじました。

１９６１年5月、米国大統領ジョン・F・ケネディは議会での演説で、１９６０年代中に人間を月に到達させると明言しました。これにより、アポロ計画が始まりました。アポロの名称はギリシア神話の太陽神アポロンに由来します。

アポロ８号で月周回軌道への到達に成功し、１９６９年7月、アポロ11号のニール・アームストロング船長とバズ・オルドリン月着陸船操縦士の２人が世界で初めて月面に着陸しました。

アポロ計画では計6回の月面着陸に成功し、12人の宇宙飛行士が月面に立ちました。月の岩石やレゴリス（月の表面を覆う軟らかい堆積層）など、採取して地球に持ち帰った試料は合計約４００kgに上ります。

アポロ計画は当初、20号まで計画されていました。しかし、月面着陸成功後は国家の威信をかけるという意味がなくなり、無駄遣いではないかという批判も高まりました。結局、1972年のアポロ17号でアポロ計画は終了しました。

無駄遣いという批判も受けたアポロ計画ですが、宇宙開発技術を発展させただけではなく、地上の産業の技術革新や波及効果をもたらしました。**狭い宇宙船に載せるために開発された小型軽量のコンピューターは、高密度集積回路（LSI）などの半導体技術の発展につながりました**。また、複雑で大規模なプロジェクトの存在はプロジェクトマネジメントやシステム工学の進展にも寄与しました。

アポロ計画以降の50年余り、人類は月面に立っていません。アポロ計画が人類史における偉大な業績であったことは間違いありません。計画で使用された多くの物が、米国立航空宇宙博物館をはじめとする世界各地のさまざまな場所で展示されています。

アポロ計画の後、NASAは1973年から1979年までのスカイラブ（空の実験室）計画を経て、1981年、宇宙往還機スペースシャトル「コロンビア」の打ち上げに成功しました。

スペースシャトルは軌道船、外部燃料タンク、固体燃料補助ロケットの3つの部分で構成され、外部燃料タンクと固体燃料補助ロケットは上昇中に切り離されます。軌道船のみが地球周回軌道に到達し、任務終了後に帰還します。

軌道船の胴体部分には大きな貨物搭載室を備えていて、ハッブル宇宙望遠鏡のような大きなものを搭載して軌道に投入することができました。

スペースシャトルの開発、運行と並行して、米国は1984年、恒久的な地球周回ステーションである宇宙ステーション「フリーダム」の建設計画を打ち出しました。計画はしばらく進展のない状態が続きましたが、1990年代に各国との協議が進みました。

宇宙ステーション「ミール」を運用していたソ連も、ミールの老朽化を受けてこの計画に加わることを決め、NASA（米国）、ロスコスモス（ロシア）、日本の宇宙開発事業団（NASDA）＝現JAXA、ESA（欧州）、CSA（カナダ）の5つの宇宙機関が参加する多国籍共同プロジェクトであるISS建設が1998年から始まりました。

スペースシャトルはISS建設の主役として活用されました。スペースシャトルには宇宙開発事業団とNASAとの契約により、日本人宇宙飛行士も搭乗しました。毛利衛氏、向井千秋氏、土井隆雄氏などの宇宙飛行士です。

スペースシャトルは1986年のチャレンジャー号爆発事故（乗組員7人が死亡）、2003年のコロンビア号空中分解事故（乗組員7人が死亡）という2つの事故を経験しながら、2011年までに135回の飛行をして、運行を終了しました。

ISSの建設

ISSは、LEOにある居住可能な人工衛星です。

1984年、ロナルド・レーガン米大統領は一般教書演説で「人が生活することのできる宇宙ステーションを、10年以内に建設する」と表明し、各国に協力を呼びかけました。

翌1985年、日本、欧州、カナダが参加を決め、ISSは国際プロジェクトになりました。日本では宇宙開発委員会に宇宙基地特別部会が設置され、ISS計画の基本的方針について検討を始めました。1993年にはロシアの参加も決定しました。

1998年、最初の構成要素である基本機能モジュール（FGB）がカザフスタン共和国にあるバイコヌール宇宙基地からプロトンロケットで打ち上げられました。推進、通信、電力、熱制御などの機能を有しているモジュールです。米国が資金を出し、ロシアが製作しました。ロシア語で日の出を表す「ザーリャ」という愛称が付けられています。

日本の実験棟「きぼう」の船内保管室・実験室、ロボットアーム、船外実験プラットフォームは2008年から2009年にかけて3回のスペースシャトル飛行で運ばれ、ISSに取り付けられました。この3回のミッションには、土井隆雄氏、星出彰彦氏、若田光一氏の3宇宙飛行士がそれぞれ関わりました。

ＩＳＳは40数回に分けて打ち上げられて宇宙空間で組み立てられ、２０１１年７月に完成しました。組み立てが完了した時点のＩＳＳは、体積１２００㎥、重量４１９t、最大発生電力１１０KW、トラス（横方向）の長さ１０８ｍ、進行方向の長さ74ｍとなっています。よく、「サッカー場ほどの大きさ」と表されます（ワールドカップに使われるサッカー場は１０５ｍ×68ｍ）。

宇宙で最大の人工構造物であり、地球の表面から肉眼で定期的に見ることができます。平均高度は約４００㎞。約93分で地球を1周し、１日あたり地球を15・5周回します。

中国は２００７年にＩＳＳへの参加を打診しましたが、米国の反対により認められませんでした。そこで中国は独自の宇宙ステーション「天宮」の建設を２０２１年に開始しました。22年にはコアモジュールと二つの実験モジュールを持つ宇宙ステーションが完成しました。24年には天宮に取り付ける宇宙望遠鏡「巡天」の打ち上げを予定しています。

ISSは2030年に運用終了へ

ISSは当初、設計寿命が2016年までとされており、参加国間で運用の継続が合意されていたのは2015年まででした。その後、運用期間が随時延長され、補修しながら運用が続けられている状況です。

2021年、NASAはそれまでの運用終了予定だった2024年から6年延期して2030年とする案を参加各国に示しました。日本と欧州、カナダはこれに合意し、2030年までの延長が決まりました。ISSは2031年1月、地球に落下して、その寿命を終える予定です。

ISS運用終了の理由は、設計寿命を超える老朽化だけではありません。LEOでの宇宙開発、宇宙環境利用は民間でもすでに多くの成果が上がっています。国家主体で進めなければならない理由はありません。

ＮＡＳＡはＬＥＯでの活動を民間移行することで予算を節約し、その予算を深宇宙の開発に振り向ける方針です。これまでは各国がＩＳＳを運用するという立場でしたが、**今後は企業が民間宇宙ステーションを建設、運用**し、各国の宇宙機関は利用者として民間宇宙ステーションを活用する立場に変わっていくでしょう。

米国は２０２９年と２０３０年の２年間をＩＳＳから民間宇宙ステーションへの移行期間と位置づけ、民間宇宙ステーション構想を掲げる企業への開発支援を開始しています。

アルテミス計画とゲートウェイ

動き出したアルテミス計画

アルテミス計画は、米国が提案した有人月面探査計画です。計画名と計画の詳細は2019年に発表されました。アルテミスはギリシア神話に登場する月の女神で、アポロ計画の由来となった太陽神アポロンとは双子とされます。

2020年10月、米国や日本、カナダ、イギリス、イタリアなど8カ国が「アルテミス合意〜平和的目的のための月、火星、彗星および小惑星の民生探査および利用における協力のための原則〜」に署名しました。

アルテミス合意は法的拘束力がないものの、月や火星、彗星や小惑星を探査、利用するうえでの原則を示した重要な合意です。

13部からなる合意では、第3部で「協力活動は専ら平和目的で、国際法に従って実施される」としたほか、第8部では「科学的データの開かれた形での共有を誓約する」としています。

第10部は「宇宙資源の採取および利用が、宇宙条約に従った形で、かつ安全かつ持続可能な宇宙活動を支援するために行われるべきことを強調する」と宇宙資源の利用原則を示し、第11部では「宇宙条約に対する誓約を認識し、および再確認する」など と宇宙活動の衝突回避を掲げています。

さらに、第12部では「ミッション計画立案過程の一環として、軌道上デブリの低減に向けた計画を誓約する」と宇宙デブリ問題にも言及しています。アルテミス計画への署名国はその後増加し、2024年5月時点で42カ国になっています。

アルテミス計画の目標は2025年以降に人類を月面に送るとともに、月周回の有人拠点である「ゲートウェイ」を構築し、物資輸送や月面基地の建設、持続的な月面活動を実現することです。有人着陸船の開発も進められています。

月面活動では、月の南極付近に氷の状態で存在するとみられる水資源の探査、鉱物資源の探査をします。月面で水を水素と酸素に電気分解することにより、ロケット燃料を自給できます。

火星に行く場合、地球からロケットを打ち上げるよりも、重力が6分の1の月面から打ち上げるほうがずっと効率的です。月に存在する鉄やアルミニウムなどの鉱物は月面基地を築く材料になります。

NASAは2021年、月着陸船の開発・運用に、SpaceXを選定しました。2022年11月、「アルテミスI」として、SLS（Space Launch System）ロケット打ち上げと、米ロッキード・マーティン社が開発した無人宇宙船「オリオン」の試験飛行が実施されました。オリオンは月面から約100kmまで近づき、月周回軌道を飛行した後、地球に帰還しました。

2023年5月、NASAはアルテミスⅤの月着陸船の開発についてBlue Originと契約したと発表しました。現時点で発表されているアルテミスⅡ以降のタイムラインは以下のようになっています。

アルテミスⅡ：有人の月周回試験飛行（2025年9月予定）

アルテミス計画初の有人ミッションです。宇宙飛行士4人が宇宙船オリオンに乗り込み、月周回軌道を飛行してさまざまな試験、実験をした後、地球に帰還します。

アルテミスⅢ：半世紀ぶりの月面着陸（2026年9月予定）

アポロ計画以来、半世紀ぶりとなる有人月面着陸を目指します。宇宙飛行士4人が宇宙船オリオンに乗り込み、月周回軌道で待機している月着陸船と合流します。女性飛行士、非白人飛行士が月着陸船に乗り換え、月面に着陸します。

氷や土壌などの試料を採取し、月着陸船に乗って月周回軌道に戻ります。宇宙船オリオンと再合流し、地球に帰還します。

アルテミスⅣ：ゲートウェイ組み立て拡充（2028年予定）

月周回有人拠点「ゲートウェイ」拡充のためのミッションです。宇宙飛行士4人が宇宙船オリオンに乗り、ゲートウェイに欧州および日本製の国際居住棟「I－HAB」を運びドッキングさせます。

4人のうち2人はゲートウェイで月着陸船に乗り換えて月面に着陸します。資源探査などをした後、月着陸船で月面からゲートウェイに戻ります。4人はゲートウェイから宇宙船オリオンに乗り込み、地球に帰還します。

アルテミスⅤ：月面探査車による月面活動拡充（2029年予定）

4人の飛行士が宇宙船オリオンに乗り、欧州製の燃料補給・通信モジュールとカナダ製ロボットシステム、月面探査車をゲートウェイに運びます。

アポロ計画では、合計12人が月面着陸を果たしましたが、全て米国の白人男性でした。アルテミス計画では、女性や米国以外の宇宙飛行士にも活躍の機会を提供する理念を掲げています。

日本が開発する月面探査車

日本はこの計画で、月面探査車を開発、提供します。ＪＡＸＡ主導のもと、トヨタが開発を進める「有人与圧ローバ」（愛称：ルナクルーザー）、および三菱重工が開発を進める月極域探査計画（ＬＵＰＥＸ）向け「ＬＵＰＥＸローバ」の開発が進められています。

月は昼間に気温が１２０℃まで上がり、夜はマイナス１７０℃まで冷える過酷な環境です。アポロ計画で使われた探査車は運転席がむきだしで、宇宙飛行士は船外活動服を着用する必要がありました。

ルナクルーザーは気圧を調整し、地上に近い環境をつくり出した「与圧キャビン」という密閉空間を持つため、船外活動服を着用せず、Ｔシャツでも過ごせます。移動機能と居住機能を併せ持つため、長期にわたって移動しながら探査することが可能になります。

ルナクルーザーは全長6m、全幅5・2m、全高3・8mあります。マイクロバス2台分の大きさに4畳半ほどのキャビンを有し、宇宙飛行士2人が30日ほど車中で生活しながら月面探査することができます。「月面を走る宇宙船」と開発チームは表現しています。

日本政府はアルテミス計画で、2020年代後半に米国に次ぐ2カ国目の有人月面着陸を果たす目標を掲げています。2024年4月の日米首脳会談の際、盛山正仁文部科学大臣とビル・ネルソンNASA長官は、有人月探査の実施に関する文書に署名しました。この中で、日本人宇宙飛行士2人が月面着陸ミッションに加わることが盛り込まれています。

月軌道での「ゲートウェイ」の建設

アルテミス計画の根幹の一つは「ゲートウェイ」の建設です。

ゲートウェイは月周回軌道上に設けられ、宇宙飛行士が滞在して実験や物資の保管などをする有人拠点としての役割を果たします。月面活動の中継地点として機能するほか、月や火星などの深宇宙探査において、科学的な発見や人類の将来的な探査に向けた基盤となります。

ゲートウェイは月《つき》長《ちょう》楕《だ》円《えん》極《きょく》軌《き》道《どう》（Near Rectilinear Halo Orbit：NRHO）という軌道を周回します。月に最も近い近月点が高度４０００㎞、月から最も遠い遠月点が高度７万５０００㎞と非常に細長い軌道です。この軌道が使われる理由は、軌道面が常に地球を向くため地球との通信が常時確保されること、探査の主要ターゲットとなる月の南極の可視時間が長いことなどがあります。

ゲートウェイとＩＳＳの比較

ゲートウェイは月の宇宙ステーションとも言える拠点ですが、ＩＳＳとゲートウェイは大きな違いがあります。ゲートウェイの重量は約70ｔでＩＳＳの6分の1。組み立て回数は7回で、これもＩＳＳの6分の1です。小ぶりなステーションであることがわかります。ＩＳＳは最大6人の宇宙飛行士が常時滞在していますが、ゲートウェイは最大4人の宇宙飛行士が10～30日滞在するだけです。

利用目的はＩＳＳが微小重力環境を生かした実験や研究、地球観測だったのに対し、ゲートウェイは月面観測、月面通信の中継点、月探査の中継点としての役割を持つ宇宙探査の拠点となります。

ゲートウェイは国際協力で建設され、日本は主に居住棟（ＨＡＬＯ）へのバッテリーの提供、居住機能と研究機能を併せ持つＩ‐ＨＡＢへの環境制御・生命維持サブシステム（ＥＣＬＳＳ）やバッテリー、カメラ、冷媒循環ポンプの提供などを担当します。また、ＩＳＳへの物資輸送に使われた宇宙ステーション補給機「ＨＴＶ」（こうのとり）を改良した新型補給機「ＨＴＶ‐Ｘ」を用いて、ゲートウェイへの物資輸送を実施します。

深宇宙探査の意義

米国が低軌道の宇宙利用から深宇宙探査へと開発方針を変更した理由はいくつかあります。まず、科学的探査の重要性です。深宇宙探査は科学的な知識の向上につながり、宇宙の起源や進化の解明に貢献します。また、アポロ計画やスペースシャトル開発がそうであったように、高度な技術やエンジニアリングの革新を促進します。これは、新たな産業の創出や人々の生活向上につながります。

深宇宙探査により、地球外の資源の利用に道が開かれます。月や小惑星からの資源の採掘や利用は、将来、地球資源が枯渇した場合の代替手段となります。深宇宙探査は人類の未来への展望を広げる可能性を持っているのです。

ＩＳＳではどんな実験、研究がされているか

ＩＳＳでは微小重力、高放射線量など、宇宙環境を利用した多彩な研究が実施されています。地球上の人間の暮らしをより豊かにすることにつながるものがいくつもあります。実例を挙げてみましょう。

老化に関する研究

微小重力環境に長期間滞在すると、骨量の減少や筋力の低下など、老化に似た諸症状が現れることが知られています。しかし、そのメカニズムは解明されていません。

自治医科大学の研究グループは、リンの過剰摂取が老化を加速させることを明らか

にして、「微小重力環境下における骨量減少によって骨から流出して血中へ流入するリンが老化を加速させる」という仮説を立てました。

宇宙飛行士から採取した血液・尿検体、および軌道上で飼育したマウスを用いてこの仮説を検証することを目標に研究を進めました。

骨から流出するリンも経口摂取したリンと同様に老化を加速させることが証明されれば、地上においては骨粗しょう症による骨量減少を防ぐことで老化が減速する可能性があります。老化の結果と考えられていた骨粗しょう症が老化の原因にもなることが証明されれば、骨量減少を防ぐ運動療法や薬物療法の開発・普及につながります。

宇宙でも生き残れる乳酸菌

株式会社ヤクルト本社とJAXAは、「きぼう」日本実験棟で約1カ月間保管した乳酸菌ラクトバチルス・カゼイ・シロタ株摂取実験用のサンプル中の生菌数、菌の発酵性状、遺伝情報、免疫調節作用に関する各種解析をしました。その結果、いずれも地上で保管していた対照品と同等であり、宇宙環境においてプロバイオティクス（ヒトに有益な効果をもたらす微生物やそれを含む食品）の機能が維持されることを確認しました。

ＩＳＳに長期滞在する宇宙飛行士がプロバイオティクスを継続的に摂取することにより、免疫機能や腸内環境に及ぼす効果を科学的に検証する実験もしました。

水が凍らない不思議の研究

北海道大学低温科学研究所とＪＡＸＡは、「きぼう」日本実験棟で、氷点下に冷却した水中での氷の結晶成長実験に成功しました。

この実験では、流氷直下の氷点下の環境に住む魚の凍結を防ぐ機能を持つ不凍糖タンパク質が水中にわずかに含まれると、氷結晶のある決まった面の成長速度が純水中に比べて大幅に速くなることを明らかにしました。結晶成長速度の遅い面が成長途中の結晶を囲うことで結晶成長を抑制し、生体の凍結抑制に寄与することが判明しました。これは、氷点下でも魚が凍死しないのはなぜかという生命の不思議を説明するモデルに書き換えを迫る成果です。

結晶成長の実態を探るには、成長速度の時間変動を精密に測定することが不可欠です。地上実験では対流などの効果で成長速度が変化しやすいため、対流のない微小重力環境での測定が必要でした。

微小重力で発現が急上昇する遺伝子を発見

東京工業大学生命理工学院の研究グループは「きぼう」での実験で、骨芽細胞と破骨細胞が蛍光で光る遺伝子を組み込んだメダカを8日間連続で顕微鏡を用いて観察し、両細胞の蛍光シグナルが無重力下で急速に活性化されていることを明らかにしました。

また、微小重力に応答する遺伝子を調べた結果、骨関連遺伝子のほかに5つの遺伝子の発現が上昇することを見いだしました。微小重力での骨量減少を解明する新たな手掛かりが得られたことになるとともに、動物モデルがない老人性骨粗しょう症の原因解明につながることが期待されます。

歯周病原因菌の解明に迫る

岩手医科大学、昭和大学、長岡技術科学大学などの研究グループは、「きぼう」で実施された高品質タンパク質結晶生成実験を通じて、歯周病の原因となる菌を育てる重要な酵素「DPP11」の詳細な立体構造を、世界で初めて明らかにしました。

研究グループは微小重力環境を生かして、歯周病原因菌の生育に重要なペプチド分解酵素DPP11の高品質な結晶を作り、X線を利用した構造解析法によって立体構造を明らかにしました。

ペプチドはアミノ酸が2個から数十個つながった化学物質で、歯周病原因菌はタンパク質を分解することでペプチドを生成し、栄養源としています。

構造解析の結果、歯周病原因菌がこのDPP11を使って菌の外側から取り込んだペプチドをどのようにして吸収できる形に変換しているかが解明されました。歯周病の治療薬開発につながることが期待される成果です。

iPS細胞を用いた宇宙空間での立体臓器創出

東京大学医科学研究所の谷口英樹教授の研究グループは、iPS細胞由来の肝臓のもととなる肝芽を用いた、立体的な人工臓器の成熟化に必須の要素である大血管付与を目指した宇宙実験を行っています。

ヒト臓器の発生は、子宮内の羊水中の浮力で重力がキャンセルされた環境で生じます。微小重力環境では、子宮内に類似した環境を精緻に再現することが可能です。

このプロジェクトでは、微小重力下で3次元的に培養した肝芽と、地上で培養した対照群を比較することを通じて、ヒト臓器創出に向けた新たな3次元培養装置の開発のヒントが得られることが期待されます（再生医学・幹細胞生物学・移植外科学について研究している谷口教授との対談を第5章の169ページから掲載しています）。

イヌ用人工血液の合成と構造解析に成功

中央大学とJAXAの研究グループは、イヌ用人工血液の合成と構造解析に成功しました。

まず、遺伝子組換えイヌ血清アルブミンを産生し、X線結晶構造解析からその立体構造を明らかにしました。さらに、酸素輸送タンパク質であるヘモグロビンを遺伝子組換えイヌ血清アルブミンで包み込んだ形のクラスターを合成し、それがイヌ用の人工酸素運搬体（赤血球代替物）として機能することを実証しました。

動物医療の現場が抱える深刻な輸血液確保の問題を解決する研究であり、動物の輸血療法に大きく貢献すると期待されます。

半導体などの材料実験も実施

これまで紹介したのは、ライフサイエンス系の実験ですが、材料実験も活発に行われています。

大手ガラスメーカーのＡＧＣは「きぼう」日本実験棟で、ＪＡＸＡの保有する静電浮遊炉を活用し、高融点材料である酸化ガリウムの融液物性測定に成功しました。

酸化ガリウムはシリコンに比べて電力損失が少なく、高電圧・大電流で使用できる可能性があることから、次世代パワー半導体材料として注目されています。

しかし、酸化ガリウムは融点が約１８００℃と非常に高温であるため、従来のるつぼに試料を入れ溶融させる方法では、るつぼの不純物が混入してしまいます。そのため、酸化ガリウム単結晶製造時の数値シミュレーションに必要な融液物性値の取得が困難でした。

静電浮遊炉は微小重力状態で試料を浮遊させ、るつぼを用いずにレーザーで試料を溶融するため、高融点材料の融液物性値を高精度で取得することができました。

ＪＡＸＡは、熱対流の影響を受けない微小重力環境を利用して高品質の半導体結晶を育成する「Hicari」プロジェクトを推進しています。

ＪＡＸＡが独自に研究開発に取り組んできた「ＴＬＺ法」という結晶育成方法の有効性を検証するのが目的で、「きぼう」に設置された温度勾配炉を使って、シリコンとゲルマニウムが半々に混ざった混晶半導体を育成します。

カーボンナノチューブ（CNT）は炭素の新しい構造で、軽量、かつ高強度の材料です。その特性を生かして航空機の構造体への適用などが期待されています。

地上と宇宙を結ぶ「宇宙エレベーター」構想を進めている大林組は、宇宙エレベーターのケーブル材料にCNTが使えないかと考え、熱変化が大きく、放射線、紫外線が強いという宇宙の過酷な条件下でのCNTの耐久性を調べることにしました。

ISSの外壁にCNTを置き、1年間、または2年間曝露しました。地上対照実験と比べたところ、曝露したCNTは表面の損傷や結晶構造の切断が見られたものの、一定の強度は保たれました。

NASAのツインズ・スタディ

ISSでの実験で、特に有名になったのはNASAが2015年に実施した「ツインズ・スタディ」です。この実験では、ISSに1年間滞在した宇宙飛行士スコット・ケリー氏と、地球で生活していた一卵性双生児の元宇宙飛行士マーク・ケリー氏を対象に、さまざまな生物医学的データを収集しました。長期間の宇宙滞在が人体に及ぼす影響を理解することが目的です。

結果は2019年に発表されました。それによると、宇宙滞在によって遺伝子の発現に変化が生じることが示されました。特に免疫関連遺伝子や免疫応答に関連する遺伝子に影響が見られました。免疫細胞の活性が変化し、感染症への耐性が低下する傾向があったとされます。

スコット氏はＩＳＳでインフルエンザワクチンを接種しましたが、体は適切に反応していました。宇宙での長期ミッションでワクチン接種が必要になっても、免疫システムが適切に機能する可能性が高いことが示されました。

スコット氏の遺伝子にはＤＮＡ損傷も確認されており、これは放射線被ばくによるものと考えられています。染色体の末端にあるテロメアと呼ばれる部分はＩＳＳ滞在中に長くなり、着陸後48時間以内に大半が通常に戻りました。また、スコット氏の認知能力は宇宙空間でも変化しませんでした。

これらの知見は、将来の長期宇宙飛行や宇宙探査における人体の健康管理や安全性に関する理解を深めるうえで重要です。

今後は、この研究から得られた知見をもとに、より安全で健康的な宇宙飛行や宇宙滞在のために必要な対策や技術の開発が進むでしょう。ゲノム編集技術の進歩に伴い、将来的には宇宙飛行士の遺伝子を変えることで、宇宙環境への適応性を向上させることも考えられます。

COLUMN

無重力と微小重力

スペースシャトルや国際宇宙ステーション（ＩＳＳ）の内部はよく「無重力」と言われますが、正確には「微小重力」状態です。高度３００～４００㎞でも地上とそれほど違いのない重力が働いているのに、なぜ微小重力になるのでしょうか。

ＪＡＸＡは次のように説明しています。

スペースシャトルの高度でも重力はゼロにはなりません。３００㎞の高度では、地上に比べて重力は約９％少なくなるだけです。

地表からいくら遠ざかっても、重力は距離の2乗に反比例して減衰するだけで、どんな衛星高度でも同じことが言えます。

ではそれだけ大きな重力が働いているのに、シャトル内はなぜ無重力（正確には微小重力）になるのでしょう。

シャトルの速度が、秒速８㎞だとします。普通だったらシャトルは宇宙の彼方に飛んでいってしまうところですが、シャトルには常に地球の中心に向かって引っ張る力、重力が働いています。

水平方向へのシャトルの推力と、垂直方向への２つの力の働きのため、シャトルは斜め方向へ飛び続け、結果として地球の表面に沿って飛び続けることになります。この状態を自由落下といい、シャトル内の人々は重力から解放されることになります。重さを感じない、つまり無重量状態です。全ての地球の周囲を回るものは、このように自由落下を続けているのです。

では、なぜ無重力ではなく、微小重力と呼ばれるのでしょう。

国際宇宙ステーション（ＩＳＳ）やスペースシャトルが飛行する宇宙空間では、わずかなガス（高層大気）が存在し、宇宙機は常にその抵抗力を受けて加速度（減速Ｇ）が発生します。

また、地球の重力と慣性の働く方向のつり合いがとれている構造物の質量中心から離れることで、それによる加速度も生じます。ほんの小さな加速度ではありますが、これらの影響を受けるため、実験や活動の舞台となるＩＳＳは「無重力」ではなく「微小重力」と言われます（ＪＡＸＡホームページの用語集「微小重力」から引用、一部書き換え）。

ＩＳＳでは、宇宙飛行士の動きによっても、重力環境が変化します。それにより、ＩＳＳでの実験に影響を与えることがあります。そこで、実際の重力を測定する微小重力計測装置（ＭＭＡ：Microgravity Measurement Apparatus）を用いて、微小重力環境を測定し、研究者に実際の実験環境条件を提供しています。

宇宙環境＝無重力という概念や言葉が定着しているので、微小重力、無重力という言葉がともに使われていますが、この本では主に微小重力と表現します。

第3章
宇宙ビジネスの主舞台はLEO

拡大する宇宙ビジネス

2040年に1兆ドル超の市場へ

世界の宇宙ビジネスは近年、大いに盛り上がっています。モルガン・スタンレーの報告によると、**2040年までに宇宙産業の市場規模は1兆ドル**を超える可能性が高いとしています。バンク・オブ・アメリカはさらに高く見積もっており、2045年までに2・7兆ドルに達すると予測しています。

宇宙ビジネスの主舞台はLEOで、先に紹介したように、SpaceXのスターリンク衛星コンステレーションを中心とした衛星通信分野が急速に伸びています。衛星コンステレーションは英国のOneWeb社もすでに数百機の衛星を打ち上げています。米欧のほか、中国やカナダでも打ち上げ計画があり、今後さらに急増する見込みです。当面の最も有望な分野です。

衛星リモートセンシングに脚光

衛星通信のほかに有望視されるのは、地球観測技術の需要です。衛星リモートセンシング技術が急速に進んでいます。

リモートセンシングとは、「物を触らずに調べる」技術です。人工衛星に専用の測定器（センサー）を載せ、観測データを得ることを衛星リモートセンシングといいます。センサーは地球上の陸地や海、雲などから反射したり、自ら放射したりする電磁波を観測します。どのように活用されているか、事例を挙げましょう。

衛星リモートセンシングは森林の健康状態や伐採の監視に活用されています。

衛星画像を使って、森林被覆の変化や森林火災の発生を監視できます。河川や湖沼の水質を監視し、水質汚染やアオコの発生などを知ることができます。

農業分野では、農地の利用状況や作物の成長状況の監視、収穫量の予測や灌漑《かんがい》管理などに活用されています。

環境影響評価にも使われます。都市部の緑地や水域の変化を追跡し、新しい開発プロジェクトの環境影響を評価します。自然災害管理では、衛星画像を使って洪水、地震、台風などの自然災害の発生や被害状況を迅速に評価し、救助・復興活動に役立てています。地滑りや洪水のリスク評価をして、適切な予防策を実施する防災にも使われています。世界の大きな課題となっている気候変動対策、地球温暖化防止でも、衛星データが活用されています。

合成開口レーダー（SAR）技術が進展

リモートセンシングの中でも、近年注目されているのが合成開口レーダー（SAR）

です。レーダーはアンテナから電磁波の一種であるマイクロ波を発射し、観測対象物に当たって反射されたマイクロ波を観測します。反射されたマイクロ波の強さから、対象物の大きさや表面の性質がわかります。反射されたマイクロ波が戻ってくるまでの時間を測定すると、対象物までの距離もわかります。

レーダーの分解能はアンテナを大きくすれば良くなりますが、衛星に搭載できるアンテナの大きさには限りがあります。そこで、衛星が電波を繰り返し送受信して、大きな開口を持ったアンテナと同様の画像が得られるようにしたのが合成開口レーダーです。カメラで撮影する光学衛星とは異なり、天候に左右されず夜でも観測できる利点があります。近年は小型衛星でも高精度の画像が得られるようになり、SAR衛星コンステレーションが構築されつつあります。

日本では、QPS研究所（本社・福岡市）が世界トップレベルの高精細小型レーダー衛星「QPS－SAR」を開発し、商用機3機を運用しています。

2027年度までに24機体制、最終的には36機による衛星コンステレーションを構築し、世界中の特定地域を平均10分間隔で観測できる「準リアルタイムデータ提供サービス」の実現を目指しています。

また、Synspective（シンスペクティブ、本社・東京都江東区）が小型SAR衛星を開発、運用し、衛星データの解析、提供をしています。

2020年、初の実証衛星StriX－α（ストリクス・アルファ）を打ち上げ、2021年2月、日本の民間企業による小型SAR衛星として初めて画像の取得に成功しました。2030年までに30機の衛星コンステレーションを構築する計画です。

宇宙デブリ除去もビジネスに

人工衛星の数は近年、急速に増加し、さらに加速される見通しです。そこで問題になるのは、運用中止・終了後に、軌道に残る衛星です。衛星やロケットの破片はほかの人工衛星に衝突して損害を与えるなど、深刻な事故の原因になると懸念されています。

スペースデブリと呼ばれる宇宙ごみの管理と除去は、宇宙産業における重要な課題の一つです。現在、国際的な取り組みとして、宇宙機器の廃棄物を管理するためのガイドラインや規制が整備されています。また、デブリ除去の技術開発、ビジネス化する構想もあり、宇宙産業の中で新たな市場として注目されています。

宇宙スタートアップのアストロスケール（本社・東京都墨田区）は2024年2月19日、スペースデブリに接近して観察する人工衛星「ADRAS（アドラス）－J」の打ち上げに成功したと発表しました。

米宇宙企業のロケットで2月18日にニュージーランドから打ち上げられた衛星は高度600㎞の宇宙空間で分離され、予定の軌道に投入されました。衛星は高さ約1.2m、横幅約80㎝。複数の小型推進器を用いて、地球周辺を高速で周回するデブリに接近することができます。

衛星の開発は、JAXAが企業と連携して除去技術を確立する計画の一環で、20

09年に打ち上げられた日本のH2Aロケット15号機の残骸を目標にしていました。

2013年に設立されたアストロスケールはスペースデブリの追跡、除去を含むデブリの軌道上サービス開発に取り組む世界初の民間企業です。

打ち上げから2カ月余りたった4月26日には、ADRAS－Jで撮影したH2Aのデブリの画像を公開しました。デブリに接近して近距離で撮影した画像が公開されるのは世界初の快挙でした。

H2Aロケットの2段目は全長約11m、直径約4m、重量約3tの大型デブリとなって地球を周回していました。打ち上げ時にオレンジ色をしていた断熱材は軌道上で10年以上にわたり強い紫外線を浴び続けた結果、劣化して濃い茶色に変色していることが確認されました。アストロスケールは大型デブリ捕獲用のロボットアームを搭載する実証衛星「ADRAS－J2」の開発を進めていくということです。

宇宙資源の開発・利用に向けて

レアメタルの宝庫・小惑星

宇宙は資源・エネルギー開発でも注目されています。宇宙の資源を有効に活用することで、地球上の資源・エネルギー問題を解決し、持続可能な未来を築くことが可能になるかもしれません。

資源開発で期待されているのは小惑星です。小惑星には、地球では希少な金属が豊富に存在します。金、銀といった貴金属だけでなく、プラチナ、ニッケル、コバルト、リチウムなどのレアメタルがあると考えられています。

東京大学大学院工学系研究科システム創成学専攻の宮本英昭教授によると、宇宙科学研究所（ＩＳＡＳ＝現ＪＡＸＡ）の小惑星探査機「はやぶさ」が探査したことで知られる小惑星「イトカワ」と同じタイプの半径１㎞の小惑星には、３０００万ｔのニッケルと１５０万ｔのコバルト、７５００ｔのプラチナが存在すると推定されています。

さらに同じ大きさの金属型小惑星なら、２００億ｔの鉄と1億ｔのプラチナがあり、これは産業革命以来、人類が地球で生み出した総量に匹敵する鉄と、総量の2倍のプラチナがもたらされる可能性があるとのことです。

２０２２年に設立された米国のスタートアップ AstroForge 社（アストロフォージ）は民間企業初の小惑星資源採掘や資源の地球への回収をミッションに掲げ、23年4月に SpaceX のファルコン9ロケットで最初のテスト機を打ち上げました。地球に近い小さな小惑星のそばを飛行しながらデータを収集する計画を進めています。

日本でも昨年、小惑星の資源探査に焦点を当てたベンチャーが生まれました。ＪＡ

XA宇宙科学研究所に所属する尾崎直哉氏は、内閣府が主催する2023年、宇宙を利用したビジネスアイデアコンテスト「S-Booster 2023」にて小惑星資源探査と小惑星の衝突から地球を守るプラネタリーディフェンスのためのインフラビジネスのアイデアを提案、最優秀賞を受賞しました。

尾崎氏らは、「小惑星に、毎月いける時代を創る。」をキャッチコピーに、小惑星探査ベンチャー「Astromine」の立ち上げに向け、活動を進めているそうです。

小惑星の資源探査というと非常に難易度が高く実現もまだ先になりそうですが、こうしたビジネスアイデアが最優秀賞として評価されることに宇宙資源探査の可能性がうかがえると言えるでしょう。

宇宙太陽光発電システム（SSPS）への期待

太陽光のエネルギーをもっと利用できないかと考える方は多いと思います。

宇宙太陽光発電システム（ＳＳＰＳ：Space Solar Power Systems）はまさしくその一例です。ＳＳＰＳは太陽光エネルギーを宇宙空間でマイクロ波またはレーザー光に変換して地球に伝送し、電力として利用するシステムです。ＳＳＰＳの構想は１９６８年に米国の科学者が発表しました。アポロ計画が推進されていた時代のことです。１９７３年に第１次石油ショックが発生したことで、社会から注目されました。

太陽光は地球上に届くまでに、大気の吸収などにより減少しますが、宇宙空間で発電すると天候や大気の影響を受けず、地上の約10倍の太陽エネルギーを得られるとの試算もあります。

日本では、１９８０年代からＳＳＰＳに関する組織的な研究活動が開始され、２０００年代に入ってからはＪＡＸＡと経済産業省が、２枚の反射鏡と太陽電池およびマイクロ波送電装置からなる１００万KW級のＳＳＰＳの検討をしてきました。

ＳＳＰＳには多くのメリットがある一方、課題もあります。

メリットとしては、地上よりも強い太陽光を安定的に利用できること、災害の影響を受けにくいこと、無線エネルギー伝送を用いるため宇宙からの送電先の切り替えが可能で、電力を必要としている地域へ柔軟に送電できることなどがあります。

課題としては、大規模宇宙構造物を構築し、軌道上で長期間にわたり運用する技術、高効率で安全な発電、送電、受電技術の確立が必要です。

ＳＳＰＳ事業には、国内外のいくつもの先進企業が取り組んでいます。

その一つに、京都市を拠点とするスタートアップSpace Power Technologies（スペースパワーテクノロジーズ）があります。２０１９年に設立された同社は、マイクロ波無線送電技術の開発、製造に取り組んでいます。同社の技術が実用化されれば、ＳＳＰＳにも活用できる可能性があります。

花開く宇宙エンターテインメント

宇宙旅行と宇宙ホテル

民間人の宇宙旅行の例がいくつか出ています。米国の宇宙旅行会社スペースアドベンチャーズは、ロシアの有人宇宙機「ソユーズ宇宙船」による約10日間のISS滞在旅行を提供しています。同社は2001年に米国の大富豪デニス・チトー氏の民間人初となる宇宙旅行を実現させました。2021年12月に実施された実業家、前澤友作氏の日本人初となる民間宇宙旅行もサポートしました。

宇宙旅行には、高度１００㎞の宇宙空間まで上昇して宇宙から地球を見たり微小重力体験をしたりする「サブオービタル旅行」と、ＩＳＳに滞在する「オービタル旅行」の２つがあります。SpaceXはすでにＩＳＳに民間人を送っています。Blue Originは完全再利用型ロケット「New Shepard（ニューシェパード）」による11分間の有人宇宙飛行サービスを提供しています。

ＩＳＳ旅行の費用は数十億円とみられています。まだ、利用者は富豪に限られていますが、今後、ロケット打ち上げ費用の低減とともに宇宙旅行料金が下がり、民間人の宇宙飛行が増えることは確実です。

宇宙旅行の先には、宇宙ホテルがあります。民間宇宙ステーションの「Orbital Reef」、「Axiom Station」はいずれも、宇宙旅行客や宇宙での滞在を求める研究者や企業にサービスを提供する予定です。

本格的な宇宙ホテル実現にはいくつかの課題があります。宇宙ホテルの建設や運用には、宇宙環境下での生存や安全性を確保するための高度な技術が必要です。宇宙船からのアクセス方法など、さまざまな技術的課題があります。宇宙ホテルの建設や運用には膨大な費用がかかり、収益を上げるためには十分な需要がなければなりません。宇宙旅行市場の拡大が必要です。

続々と登場するエンタメ利用

SPACETAINMENT（スペーステインメント・東京都渋谷区）は２０２３年３月、宇宙アートプロジェクトの第1弾として、ニューヨークを拠点に活動するアーティストYasuo Nomuraによる68㎜四方のアルミプレートアート作品「PION Plate」をＩＳＳに送り届けました。この作品はＩＳＳ船外で約3カ月、宇宙環境にさらされた後、地球に帰還しました。同社は「アート作品が宇宙空間を体験して地球に無事に帰還するという、ほぼ史上初の宇宙アートプロジェクトの成功」だとしています。

バスキュール（東京都港区）は、エンターテインメント分野で「きぼう」を有償利用し、２０２０年に地上と宇宙をつなぐ「ＫＩＢＯ宇宙放送局」を立ち上げました。宇宙と地上をつないだ宇宙ライブエンターテインメント番組を配信するプロジェクトです。宇宙の初日の出を楽しめるカウントダウンイベント「THE SPACE SUNRISE LIVE」も話題になりました。

人工的に流れ星を流す宇宙エンターテインメント事業に取り組んでいるのはＡＬＥ（エール・東京都港区）です。流れ星のもととなる直径約１㎝の金属球を衛星に搭載し、大気圏に向けて放出して、天然の流れ星同様に発光させるという計画です。放出する位置や方向、速度をコントロールすることで、世界中どこの空にも流れ星を発生させることができるといいます。観光資源やイベントでの利用が想定されています。

宇宙を楽しむ、多くの人に宇宙に興味を持ってもらうには、宇宙エンターテインメント分野の広がりが不可欠です。若い人たちが楽しいアイデアを出し、それをどんどん実現してほしいと願っています。

日本の宇宙スタートアップと政府の支援策

米国に比べて少ないとはいえ、日本でも多くの宇宙スタートアップが存在しています。すでに本書に登場したスタートアップ以外の企業をいくつか紹介します。

まず、ispace（本社・東京都港区）です。民間企業初の月面着陸を目指す「HAKUTO－Rミッション1」として、月着陸船を2022年12月にSpaceXのファルコン9ロケットで打ち上げました。2023年4月に月に到着しましたが、月面着陸には失敗しました。月面で試料を採取し、NASAに譲渡する資格のある企業に選定されています。「超小型宇宙ロボティクスを軸に、月面の水資源開発を先導し、宇宙で経済が回る世界の実現を目指します」と目標を掲げています。

民間ロケット開発では、実業家の堀江貴文氏が立ち上げた宇宙開発企業として知られるインターステラテクノロジズ（本社・北海道大樹町）があります。

超小型衛星打ち上げ用の小型液体燃料ロケットを開発し、２０１９年5月には、「ＭＯＭＯ」３号機が日本の民間ロケットとしては初めて宇宙空間に到達しました。超小型衛星打ち上げ用のロケット「ＺＥＲＯ」を開発中です。

SPACE WALKER（本社・東京都港区）は九州工業大学、東京理科大学と協力して、ＬＮＧロケットエンジンを搭載する弾道飛行用の再使用型有翼宇宙船（スペースプレーン）の開発を進めています。

飛行機と同様に滑走路から水平に飛び立ち、滑走路に着陸します。２０２７年に無人スペースプレーンの飛行をした後、有人飛行に挑む予定です。

Pale Blue（本社・千葉県柏市）は、「水」を推進剤として用いた小型衛星用エンジン技術を提供する東京大学発のベンチャー企業です。

従来の衛星用エンジンは高圧ガスや有毒なヒドラジンなどの推進剤を使っていましたが、同社は安全、無毒で、入手と取り扱いが容易な「水」推進剤の開発を進めています。

Space BD（本社・東京都中央区）は宇宙への輸送手段の提供、ＩＳＳの利活用などで、ビジネスプランの検討からエンジニアによる技術的な運用支援までをワンストップで提供している企業です。マーケティング、ブランディング、教育なども含めて総合的な事業を展開しています。

ほかにも多くのスタートアップがあります。政府は文部科学省と経済産業省による「中小企業イノベーション創出推進事業」の枠組みで、宇宙スタートアップ育成に総額３８７億円の資金を投じる方針です。

「宇宙戦略基金」10年で1兆円

これまで述べてきたように、米国を中心に宇宙ビジネスが活発化しています。国の宇宙基本計画（2023年6月13日策定）では、2020年に4兆円となっている市場規模を、2030年代早期に8兆円に拡大していくことを目標としています。

政府は2023年11月、日本の宇宙ビジネスの競争力を高めるため、10年で1兆円の「宇宙戦略基金」を運用することを決めました。JAXAに基金を設け、企業や大学の技術開発を支援します。基金の第1弾として、2023年度補正予算に計3000億円を盛り込みました。JAXAは2024年夏にも公募を始め、年度内に支援先を選ぶ方針です。

日本では予算が単年度主義で、1年ごとに予算を確保する必要があり、事業継続に安定して取り組みにくいという問題がありました。戦略基金は複数年度にまたがって支出できることから、商用化に長い時間のかかる技術に資金を投入できます。大規模で長期的な支援により、スタートアップ育成や他分野からの参入を促進する考えです。

1兆円という金額は大きいように感じますが、1年で考えると1000億円です。宇宙ビジネスの育成、発展にとって、それほど大きい金額とは言えません。

JAXAが対象を選定することになりますが、重要なことはどのような事業、企業に支援するかという「目利き」です。従来のように国家的意義、科学的意義などにとらわれず、真に宇宙ビジネスの発展につながる支援先を選ぶよう願っています。

静止軌道と低軌道

「衛星」とは、定常的に惑星を周回している天体のことを言います。月は地球の衛星です。

「人工衛星」とは、人が作った衛星のことです。人工衛星は地球を周回しているものを指し、小惑星のサンプルリターンに成功した「はやぶさ」などは、人工衛星ではなく「探査機」と呼ばれます。人工衛星は単に「衛星」と呼ぶことが多く、ここでは衛星と表記します。

衛星が周回する軌道は主にその高度によって3種類に分けられます。

・静止軌道（GEO：Geostationary Earth Orbit）

高度約3万6000㎞の軌道を「静止軌道」と呼びます。この軌道上の衛星は地球の自転と同じ速度で周回するため、地球からは静止した状態に見えます。赤道の上空に配備されます。

・中軌道（ＭＥＯ：Middle Earth Orbit）
高度２０００㎞から３万６０００㎞の軌道です。

・低軌道（ＬＥＯ：Low Earth Orbit）
高度２０００㎞までの軌道で、多くは５００㎞前後の高度に配備されます。この軌道を周回する衛星は約90～１２０分で地球を１周します。

衛星は静止軌道か低軌道で周回するものがほとんどです。静止軌道にある静止衛星と、低軌道を周回する衛星にはそれぞれ、メリットとデメリットがあります。静止軌道上にある衛星は広範な地域に信号を送ることができるため、１機で地球の約４分の１の範囲をカバーできます。数個の衛星で地球全体をカバーすることができることになります。常時使用に適した軌道で、気象衛星や衛星通信、放送衛星などの衛星に利用されています。気象衛星「ひまわり」は大局的に雨雲の様子を捉えるため、広い視野をとれる静止軌道に配備されています。

電波の速度は光と同じ秒速30万㎞です。高度3万6000㎞の静止軌道にある衛星通信を使うと、送受信にわずかな遅れが生じます。これを「通信遅延」といいます。テレビ番組の海外中継では、現地レポーターと日本のスタジオの間にタイムラグが生じています。

一方、低軌道を周回する衛星から見える範囲は、高度500㎞を周回する衛星の場合、直下点を中心として半径1000㎞程度です。地球表面の一部しか見ることができない半面、地上からの距離が近いため、高い空間解像度で観測することができます。通信遅延も短縮されます。

近年は、低軌道の衛星通信が急増しています。衛星のサービス提供地域は狭いので、大量の衛星群（コンステレーション）によりサービスを提供しています。

低軌道周回衛星の軌道面が赤道面からどれほど傾いているかを表すのが「軌道傾斜角」です。赤道面と軌道面がほぼ直角の場合、衛星は南極と北極を通ります。地球は自転するため、衛星は地球表面全体を広く観測したり、サービスを提供したりすることができます。赤道面と軌道面が直角でない場合、衛星は南極や北極は通らず、中緯度〜低緯度付近を対象にすることになります。軌道高度と軌道傾斜角を調整することによって、衛星が同じ場所に戻ってくるまでの間隔を決められます。

低軌道の衛星の軌道でよく使われるのは、「太陽同期軌道」と「回帰軌道、または準回帰軌道」です。「太陽同期軌道」は、衛星の軌道面と太陽の幾何学的関係が1年を通して同じ条件になる軌道で、太陽光の当たる向きが一定になり、画像の比較が容易です。

「回帰軌道」は毎日最低1回、同じ地域の上空を飛ぶ軌道です。地球を12時間で回る軌道にある衛星は1日2回、必ず同一地域の上空を通過します。数日に1回、同じ地域の上空を飛ぶ軌道もあり、「準回帰軌道」と呼びます。太陽同期軌道と準回帰軌道を組み合わせた軌道が「太陽同期準回帰軌道」で、多くの地球観測衛星はこの軌道を利用しています。

低軌道には多少の大気が存在するため、大気の抵抗で高度が落ちてきます。軌道を維持するために、ガスジェットエンジンが使われます。

ＪＡＸＡは２０１９年12月、超低高度衛星技術試験機「つばめ」（ＳＬＡＴＳ）が地球観測衛星としては最も軌道高度の低い１６７・４㎞を飛行したとして、ギネス世界記録に認定されたと発表しました。ガスジェットエンジンと、小惑星探査機「はやぶさ」にも使われたイオンエンジンを併用して、効率よく軌道高度を維持することができたのです。

第4章
宇宙に人が行く、住む時代に

月面基地建設へ

月面基地建設の意義

アルテミス計画の月面探査の延長線上には、月面基地建設があります。月面基地は人類が月面で活動するうえでの拠点となり、月の資源探査や月面での経済活動の促進、そして将来の有人火星探査、深宇宙探査への中継拠点としての役割も担います。

月の資源として、最も注目されるのは水です。月に水が存在するかどうかについては、アポロ計画のころから研究、議論が続けられてきました。「極地の太陽が当たらない『永久影《えいきゅうかげ》』と呼ばれる部分に氷の水がある」「月の極地方のレゴリス（月の表面を覆う軟らかい堆積層）に水が含まれる」といった説が出されていますが、観測で確かめられてはいません。月に水があれば、飲料水として利用できるほか、水素と酸素に電気分解してロケット燃料としても使えるため、水の有無はとても重要です。

また、月の地下には鉄やケイ素などの元素が豊富に含まれており、これらの資源の採掘と利用が期待されます。レゴリスを焼成《しょうせい》するなどして、月面での建築資材として活用する構想もあります。

DigitalBlastがさまざまな重力下で植物を育てる実験をしていることはすでに紹介しましたが、月で植物栽培をする場合、もう一つの課題があります。それは、月の土壌であるレゴリスで植物栽培が可能かどうかということです。

これについては、米フロリダ大学の研究グループが興味深い実験をしています。

NASAに申請して、アポロ11号、12号、17号で採取されたレゴリス各4gを入手し、シロイヌナズナの栽培実験をしたのです。

レゴリスで育てたシロイヌナズナと市販の培養土で育てたものを比較したところ、どのレゴリスに植えた種子でも、シロイヌナズナは無事発芽することがわかりました。しかし、レゴリスで発芽したシロイヌナズナは、葉の大きさや根の長さなどが培養土で育てたものよりも小さく、発育が悪かったそうです。レゴリスの採取地点によっても、発育状況に違いがありました。

実際に月で植物を育てられるかどうかの結論が出たわけではありませんが、発芽が確かめられたことは、月面農業の実現にとって一歩前進したと言えるでしょう。

注目されるヘリウム3

もう一つ、注目されるのはヘリウム3です。ヘリウム3は通常のヘリウム元素であるヘリウム4より軽い安定同位体です。地球の大気中では、ヘリウム4の100万分の1しか存在しません。

理論的には、ヘリウム3が重水素と核融合反応すると、大きなエネルギーを生み出します。技術的な困難さがあるため、現時点では実現の可能性はありませんが、将来の核融合発電の燃料としての利用が期待できます。

地球にわずかしかないヘリウム3が、月面には太陽風から供給されて多く蓄積していると考えられています。将来の月面基地や資源探査計画では、ヘリウム3の採取が重要な要素の一つとなる可能性があります。

2022年5月、中国の月探査機「嫦娥（じょうが）5号」が2020年に月面から持ち帰ったサンプルの分析から、「ヘリウム3が鉱物の気泡に閉じ込められた状態で豊富に存在する」との研究グループの論文が発表されました。

論文によると、月面のレゴリス中に含まれたイルメナイト（チタン鉄鉱）の粒子を分析したところ、イルメナイトにはガラス化した層があり、その気泡内にヘリウム3、ヘリウム4が閉じ込められていたとされています。

研究グループは「気泡内のヘリウム3の質量は最大で26万tになる」と推定し、将来の核融合のエネルギー源として有望だとの見方を示しました。月面開発が進めば、ヘリウム3核融合炉の建設が現実になる日が来るかもしれません。

月面基地の建設構想を掲げているのは米国だけではありません。中国国家航天局とロシアのロスコスモスは月面基地となる国際月面研究ステーション（ＩＬＲＳ）の建設を計画し、２０２１年に覚書に調印しています。

計画では、２０３０年から２０３５年に月の南極付近に建設し、２０３６年以降、月の地質や内部構造の研究、月からの地球や宇宙の観測、資源調査などをするとして、各国に参加を求めています。

テラフォーミングの可能性を探る

最有力候補は火星

テラフォーミングという言葉をご存じでしょうか。テラは地球、フォーミングは形成するという意味です。惑星を地球のように改造して人類が住めるようにするのがテラフォーミングで、日本語では、惑星地球化計画と訳されています。

テラフォーミングした火星を舞台とした漫画『テラフォーマーズ』（原作・貴家悠、作画・橘賢一）で、テラフォーミングという言葉を知った方が多いかもしれません。

もともとはSFの世界で考え出されたものですが、1961年に著名な天文学者カール・セーガンが金星の環境改造に関する論文「惑星金星」を米科学誌『Science』に発表したことをきっかけに、世界中の研究者が研究に取り組むようになりました。

1991年にはNASAのクリストファー・マッケイらによる火星のテラフォーミング計画に関する論文が英科学誌『Nature』に掲載されました。

テラフォーミングの最有力候補は火星です。火星は太陽系第4惑星であり、直径は6791㎞と地球の約半分の大きさです。重力は0・38G。自転周期は24時間37分で、地球とよく似ています。

テラフォーミングに適すると考えられる火星ですが、大気圧は地球の0・006%しかなく、大気の主成分の96%は二酸化炭素です。そのため、平均気温はおよそマイナス63℃しかなく、そのままでは、とても人類が住むことのできる環境ではありません。

火星の歴史の初期には、厚い大気と豊富な水を持つ、より地球に近い環境があったと考えられていますが、それが数億年の間に失われてしまいました。

火星のテラフォーミングの想像図（DigitalBlast 作成）

火星のテラフォーミングには、大気の層を作ることと気温を上げることが必要です。二酸化炭素などの温室効果ガスで大気を厚くすることで、気温を上昇させるという研究があります。ＮＡＳＡは火星の周りに人工的な磁場を作り出し、太陽風による大気の損失を少なくすることで大気圧を上昇させる構想を発表しています。

火星の南極冠はほとんどがドライアイスでできているため、何らかの方法でドライアイスを昇華させることができれば、火星を温暖化できると考えられています。

流星の衝突破片や宇宙風化作用によって砕けた岩盤などの細粒物からなるレゴリスが火星にもあります。レゴリスにも二酸化炭素が含まれていると言われており、ここから二酸化炭素を取り出すという案もあります。

北海道大学藤田研究室との共同研究を開始

2024年4月19日、DigitalBlastは宇宙での植物栽培に向け、北海道大学大学院理学研究院の藤田知道研究室との共同研究「テラフォーミングプロジェクト」を開始すると発表しました。火星を模擬した弱重力環境で植物を栽培し、ゲノムレベルでの変化を探る研究です。

現状では宇宙への食料輸送には莫大なコストがかかり、輸送量にも制限があるため、ISSなど軌道上の拠点や、月・火星といった他惑星で食料を生産するための技術や仕組みの開発が目指されています。

宇宙への参画を模索している民間企業や民間の研究機関も、微小重力あるいは月重力下（6分の1G）における植物育成に高い関心を寄せていますが、微小重力下での植物生理実験は、2008年のISSの日本実験棟「きぼう」運用開始から16年間で12テーマしか行われておらず、またその多くが発芽期あるいは幼植物体での実験で、植物育成と重力との関係性理解は非常に限定的です。

そこで、DigitalBlastは、宇宙での食料生産につながる植物栽培に必要な基礎的知見を得るため、長年にわたり植物の発生や環境応答に関する研究に取り組み、宇宙実験実施の経験を持つ藤田研究室と共同研究を行うことにしました。

疑似弱重力環境を生成して植物を栽培することにより成長制御の鍵となる新規の遺伝子群を見いだし、その制御網を解析することで、重力による成長調節がどのような分子機構により制御されるのかを明らかにします。そして、植物の重力応答統御システムの全貌解明に迫ることを目的とします。

これまでの過重力栽培実験や、「きぼう」での微小重力宇宙栽培実験によって、重力の大きさに応じて光合成活性や成長量（バイオマス）を増加させる可能性のある転写因子の存在が明らかにされつつあります。

本研究では、新しい3Dクリノスタット制御技術を開発することで、月の重力や火星の重力（3分の1G）に相当する偏差を生じさせます。

3Dクリノスタットは3次元的な回転により連続的に重力の方向を変化させることで、重力環境を変化させる装置です。回転軌道を変えることで、擬似的に任意の重力環境を作り出すことができます。

栽培実験を通じて、転写因子の機能や作用機序を詳細に調べ、その分子制御機構を解明し、月、火星での農業活動における植物への影響の評価に取り組みます。

この研究により、将来的に人類が月や火星といった地球以外の惑星で食料となる植物を栽培する際に必要となる基礎的知見を得ることを目指します。

また、この遺伝子制御系を人為的に操作することで、地上や宇宙ステーション内の微小重力下で成長が促進される植物を開発することも視野に入れています。

さらに、この研究が研究者および民間企業の興味・関心を喚起し、「きぼう」の民間利用ニーズを高めることで宇宙植物学が進展することも期待しています。

テラフォーミングに要する経済的資源は膨大であり、二酸化炭素を増やしていくには数百年、数千年単位の時間がかかると推定されます。地球以外の惑星の環境を変えることの倫理的問題、政治的問題もあります。私たちが生きている間に実現する可能性は低いでしょう。

では、テラフォーミングの研究は意味がないのでしょうか。私はそうではないと考えます。テラフォーミングの研究はすなわち地球環境の研究でもあり、地球の環境保全にテラフォーミングの技術を応用することも考えられます。

長いスパンで見れば、小惑星の地球への衝突、極度の温暖化や寒冷化、全面核戦争などで地球が人類の住めない環境になることは、十分にありえます。

人類が生き延びるために、テラフォーミングの研究を続けていく必要があると考えます（コケを中心とした植物研究、テラフォーミング研究をしている藤田教授との対談を第5章の140ページから掲載しています）。

3つの民間宇宙ステーション計画

日本企業も連携

第2章で述べたように、ＩＳＳは２０３０年に退役します。それに代わる民間宇宙ステーション計画がいくつか進行しています。

２０２４年現在、代表的な民間宇宙ステーション計画としては、米Sierra Space社などの「Orbital Reef(オービタルリーフ)」、米Axiom Space社などの「Axiom Station(アクシオムステーション)」、米Voyager Space社などの「Starlab（スターラブ）」があります。

Orbital Reef の開発には、Sierra Space のほか、ジェフ・ベゾス氏の Blue Origin、米航空大手の Boeing 社（ボーイング）などが加わっています。

三菱重工業は Sierra Space と連携し、ＩＳＳの開発と運用で得た技術と経験を Orbital Reef 開発に生かします。Orbital Reef は「複合型ビジネスパーク」と呼ばれ、ＩＳＳ内部と同程度のスペースに10人の宇宙飛行士を収容することが可能です。微小重力環境での科学実験や宇宙技術開発のためのプラットフォームとなるほか、宇宙旅行先や映画製作の舞台としても活用される予定です。２０２０年代後半の運用開始を目指しています。

Axiom Space は２０２２年以降、「アクシオムミッション」というＩＳＳへの有人宇宙旅行を実現しており、サウジアラビア人などの民間人が参加しています。Axiom Space は３つのモジュールを打ち上げてＩＳＳとドッキングさせ、ＩＳＳ退役後にこれを切り離して、独自の民間宇宙ステーションにする計画です。三井物産は Axiom Space へ出資し、２０２１年に提携を結んでいます。Axiom Space と合弁会社を設立し、地球周回軌道上でマーケティングや広告、エンターテインメントなど各種商用サービスを提供します。

Starlab は Voyager Space と仏 Airbus Defence and Space 社（エアバス）の合弁会社 Starlab Space 社が計画を進めています。

打ち上げ後に内部に空気を注入することで居住スペースを作り出す「インフレータブル型居住モジュール」やドッキングハブモジュール、電力モジュール、大型ロボットアームで構成され、SpaceX のスターシップでモジュールが打ち上げられます。４人の宇宙飛行士が居住可能となる予定です。２０２３年に欧州宇宙機関（ＥＳＡ）と、Starlab に関する協力の覚書を交わしています。三菱商事は Starlab Space と戦略的パートナーシップを締結し、株式も所有しています。

ＮＡＳＡは、民間宇宙ステーションの開発に取り組む企業に総額４億ドルを超える支援を発表しています。

COLUMN

宇宙飛行士の生活

ＩＳＳには、宇宙飛行士が交代で滞在しています。ＩＳＳ内部は微小重力状態になっているため、地上と同じように過ごすことはできません。近い将来、私たちが宇宙ホテルに滞在することができる時代になります。宇宙飛行士の生活を知ることによって、どんな生活になるのかのヒントが得られるでしょう。

微小重力の環境では、筋肉や骨は体を支える必要がなくなるため、何もしなければ筋肉や骨が弱くなってしまいます。そこで、宇宙飛行士は運動器具を使って、毎日2時間程度の運動をします。ウエイトトレーニングができる抵抗運動器具は、真空シリンダーを使って負荷をかけ、地上と同様の運動ができます。

トレッドミルは、体を太いゴムバンドで押さえつけた状態でランニングをする器具です。エルゴメーターは固定式自転車で、ペダルをこぐ強さを調節することにより、運動量を調節することができます。

寝るときには、小さい寝室や寝袋を使って、体を固定して寝ます。ＩＳＳでは上下の区別はなく、どの面も、床であり、壁であり、天井です。宇宙飛行士はどの面でも寝ることができます。寝ている間に浮かんでしまわないよう、体を固定して寝なければなりません。

宇宙食は初期には、固形食やチューブ入りの離乳食のようなもので、味もあまりよくないものでしたが、その後、乾燥食品、缶詰、レトルト食品、フリーズドライなど、宇宙に持っていける食品の幅が広がりました。今では地上の保存食と同じような食事をすることができます。

ＩＳＳには、宇宙食のメニューが３００種類以上用意されています。プラスチックの容器に入っていて、水やお湯を加えて元に戻すもの、オーブンで加熱することができるものなどがあります。パンやナッツ、果物など、そのまま食べられるものもあります。

なお、ＪＡＸＡでは宇宙で食べることができる日本食を「宇宙日本食」として認証しています。食品メーカーなどが提案する食品について、ＪＡＸＡが定める宇宙日本食認証基準を満たしている場合に認証されます。宇宙日本食は、ＩＳＳに滞在する日本人宇宙飛行士に日本食の味を楽しんでもらうとともに、長期滞在のストレスを和らげ、パフォーマンスの維持・向上につながることを目的として開発されたという背景があります。

日本人の食に対する繊細な感性は宇宙食にも生かされています。「食」の分野は、日本の強みを生かした宇宙ビジネスとして切り開いていける領域かもしれません。

ＩＳＳで不便なことは、お風呂、シャワー、洗面台がないことです。地上では蛇口を開けば、水は下に落ちてきます。しかし、微小重力の環境では、蛇口のようなものを開けば、水は四方八方に飛び散ってしまいます。

手や顔の汚れを取るときは、清拭ワイプで拭くか、液体石けんを含ませたタオルで拭きます。体の汚れを取りたいときは、ボディシャンプーを含ませた濡れたタオルで拭きます。洗髪は水を使わずに洗えるシャンプーを髪につけて、乾いたタオルで拭き取ります。

トイレも地上のものとは違います。ＩＳＳには個室のトイレがあって、地上の洋式便座と同様のつくりになっています。しかし、微小重力のため、トイレの使い方は異なります。まず、浮かないように体を固定して使います。掃除機のように、排せつ物を空気と一緒に吸引します。また、尿は掃除機のようなホースで吸い込みます。

ＩＳＳの１日は、地上と同じ24時間を基準にスケジュールが設定されます。通常の起床時刻は６時、就寝は21時30分です。仕事を終えるのは17時30分または18時30分で、夕食は20時ごろ。それから就寝までは自由時間で、好きなことをして過ごします。本を読んだり音楽を聴いたり、地球や星を眺めたり、インターネットでニュースを見たり、家族や友人と話したりすることができます。

宇宙飛行士の睡眠時間は8・5時間と設定されています。しかし、実際にはずっと少なく、NASAなどの調査によると、ISSに滞在する飛行士の平均睡眠時間は6時間ほどで、睡眠薬を飲んでいる飛行士もいるそうです。快適な眠りを提供するのが、宇宙での生活の課題になるかもしれません。

第 5 章

対談・
宇宙実験の先駆者と
語る展望

対談① 藤田知道氏（ふじた・ともみち）

プロフィール

北海道大学大学院理学研究院　教授

１９８８年早稲田大学教育学部理学科生物学専修卒業、１９９０年東京大学理学系研究科相関理化学専攻（修士課程）修了、１９９３年東京大学理学系研究科相関理化学専攻（博士課程）修了。

国立予防衛生研究所（現　国立感染症研究所）、米パデュー大学、京都大学、基礎生物学研究所等を経て、２０１６年より現職。植物学の研究を進める中で宇宙における植物の生育も研究。特に強いストレス耐性を持つコケ植物を活用した地球や他惑星の緑化を目指した研究を進めている。

テラフォーミングの意義と可能性

人類の英知の大きな作品に

堀口　テラフォーミングを大々的にやろうと言っているのは、イーロン・マスク氏のSpaceXです。藤田先生が考えられるテラフォーミングは最終的にどうなっていくか、世界観をお伺いできますか。

藤田　難しいですけれど（笑い）。僕自身は植物を研究しています。テラフォーミングは地球以外の惑星や小天体などを地球化するということなので、別の地球をつくりましょうというイメージです。地球のコピーをつくるのか、違う人工的なものをつくるのかということですが、僕らのように地球で生まれ進化してきた生き物は地球という自然環境に適応していますので、地球に似たものが心地よいのかなと思います。ヒト1種類だけで生きていくのはおそらく無理で、生態系、エコシステムをつくりあげていくことが大事だと思っています。システムとして地球と類似した、私たちに心地よい環境をつくっていきたいと思っています。

堀口 地球にはアミノ酸などいろいろな物質があり、そこから生命が生まれました。テラフォーミングは、地球にある植物に、ゲノム編集など何らかの改変を加え、火星など人間が住む可能性のある惑星に持ち込むというイメージですか。

藤田 持ち込んでもいいし、火星に合うものをそこで新たにつくり、育てるのでもいいです。参考にするのは全て僕らが地球で経験したことなので、居住した人が「こんなものがあったらいいよね」と、新たにつくっていくのでもかまわないと思います。ゲノム編集でもいいし、AとBを混ぜたらCになったということでもいい。人工知能ロボットが近いうちにできてくると思いますが、人工知能ロボットはこれまで地球になかったものですよね。それと同じイメージです。火星は重力が少ないところだから、高層タワーなどはつくりやすいでしょう。そのように、似ているけれど違う世界ができ上がっていくと思います。テラフォーミングで火星に人間が住むとして、地球に残る人間と火星に住む人間は違っていく。ネアンデルタール人とホモ・サピエンスのように違ってくるかもしれません。そのときに、仲良くできればいいなと思います。

アストロバイオロジー（宇宙生物学）という分野があり、研究テーマの一つに、生命の起源の研究があります。生命はほかの星から来たのかもしれません。それを否定する根拠は今のところありません。僕もその分野の人たちとかかわっていて、生命の起源を宇宙で探しています。タンポポミッションというのがあります。タンポポの種がふわふわと飛ぶように、生命の起源、これ自体は生き物や細胞を指すのではなく、そうしたものを構成する物質のことを考えているのですが、こうした生命の源となる物質が宇宙でふわふわと飛んでいて、それが地球にたどりついたのではないか、それが地球でさらに化学反応を起こして変化し、より複雑化して自己増殖できるようになり、さらに長い進化の過程でヒトをはじめとした今の地球ができたのではないかという考えです。国際宇宙ステーション（ＩＳＳ）に虫取り網のようなものをつけて、宇宙に漂う塵の中から生命の起源を探している壮大な研究なのです。我々はどこから来たのかわからない、その決着はまだついていません。今後人類が火星に行って、1億年ぐらいたつと、その過程を記録に残すことができるからその変遷はたどることができ、「今とはずいぶん違うね」ということになるでしょう。

堀口 高分子からヒトができるという考えには無茶がありますよね。

藤田 生物学を研究していて、生き物とは何かということを知りたいのですが、高分子からどうして細胞ができるのかはわかっていません。そこは本当に根源的な問いであり知りたいですね。地球が太陽系の一員として誕生してから46億年たつと言われています。この悠久の年月の中で起こった変化が理解できれば良いはずです。生命の起源、そしてヒトへの進化、今ある生態系への進化、構築は奇跡的な気がします。地球はかけがえのない星、まさにそんな思いです。

堀口 新たな生命をつくるよりは、テラフォーミングのほうが現実的に感じます。

藤田 はい、かけがえのない地球と同じような場所を人類の共通財産としてもう1つ新しく持つことができたならば。これから僕らが実際に他の惑星に行き、それを記録に残すと、全てトレースできますよね。考えながらできる。人類が人類のためのものを共同で新しくつくっていく。環境だけでなくルールや新しい文化も。テラフォーミングは今いる人類の英知の大きな作品になると期待しています。住みやすい惑星ができたらいいなと考えています。

火星をターゲットに

堀口　テラフォーミングができるとしたら火星ですよね。藤田先生の中で、火星の大気などのデータを見たときに、これならいけそうというイメージは持たれていますか。

藤田　まだ実験をしていないので、わかりません。ただ、CO_2が多いというのは植物にとってはメリットがある。火星の水は塩分濃度が高いと言われていますが、水の問題を克服すれば、火星の大気で少なくともコケは育てることができるのではないかと思います。共同研究者を見つけたので、4月から研究を始めています。

火星は地球より大気圧が低く真空度が高い環境です。つまり大気圧を下げていったときに、コケがどこまで耐えられるかが問題になります。重力が小さいので、大気圧はあまり高くならず、0・01気圧ぐらい。CO_2が多いのですが、それで育つのか、もう少し酸素の量を増やさないとならないのか。酸素とCO_2の比率を変えて、育つところを見つければいいのかなと思います。コケは地球上では水と光、空気があれば育ちます。土は要りません。火星にはいわゆる地球で見られるような〝土〟は存在せずレゴリスとよばれる岩と砂の堆積物が存在します。また、地球から火星に土を運び込むのはほぼ不可能でしょうから、そういう環境で実験をするのに、コケはとても適しています。火星の大気と気圧を合わせて、あとは光を当ててれば、コケは育ってくれるかもしれない。そうすると、火星に行けるのではないかというところに近づけます。

堀口 コケがどれぐらいあれば、ヒトが住めるようになるでしょうか。

藤田 計算しないとわからないですね。コケがどれだけ酸素を出して、ヒトの必要な量の酸素を供給できるのか。

堀口　誰かに計算してもらいましょうか。それって、世界で誰も言っていないですよね。提示できれば、研究や実証が具体的に動きそうです。コケの量がこれぐらいあるとヒトが住めるというシミュレーションができると、火星に移住できますということになる。実現したら、火星は誰のものになるのでしょうか。

藤田　皆のものでいいと思います。ヒトにはさまざまな人種がありますが、生物学的にはたった1種類、一方で昆虫は100万種類以上、花を咲かせる植物は30万種類以上ですから、たった1種類のヒトは皆で仲良く分かち合うべきです。

堀口　ビジネス的な観点からは、火星にヒトが住めるということになると、それに価値が付く。本当の意味での経済圏ができ上がります。すでに探査機は行っているので移動はできますよね。半年かかるので、三半規管をどう鍛えるかなどの課題はあるようですが。

藤田　酸素の発生量を計算することは必要ですね。ラン藻という微生物、クロレラ、ミドリムシ、ユーグレナでもいい。コケではなく、ユーグレナでもいいでしょう。それぞれの予想されるメリット、デメリットを数値で表すことはやらなければなりません。ただし、どのような方法を取れば適切な計算ができるのかわかっておらず、手つかずです。こういう仮説のもとに概算しましたというデータを、俎上《そじょう》に上げなければならないですね。

堀口 そうしたデータが出たら、注目されますね。月はテラフォーミングには適していないと私は思っていますが、藤田先生の認識はいかがですか。

藤田 大気がないということが、地球上で生まれ育ったヒトや動物など生き物が住むには難しい問題です。大気がなく、放射線が直接当たるので、月面に住むことはできない。人間は遮蔽空間に住み、外に出るときは宇宙服を着て散歩に行くという感じになるかもしれません。そういった制約の大きい環境に住まなければならないことになります。

ただし、全く不可能かといえばそうではなく、生き物はいろいろなところに適応できます。ずっと地下で暮らしていれば、洞窟に棲み目を失った魚のような感じで、ヒトも目は不要になって、嗅覚がすごく発達するといった進化を遂げるでしょうね。月面に住む人類、火星に住む人類、地球に住む人類がそれぞれ違う特徴を持つようになるかもしれません。移動手段が早ければ、お隣だねという感じで、仲良くできるのですが、なかなかコンタクトできなければ、どうなるか。

テラフォーミングで新たな居住地をつくったのはいいけれど、地球の僕らとどう交信を続けるのかというのも、面白い想像です。仲間を増やしたい、敵が増えないようにしたい。月は移住に適してはいませんが、住める環境を人工的につくることはできると思います。しかし、テラフォーミングが適している順番を考えるとしたら、まず火星だと思います。

堀口　スペースコロニーのほうが簡単ですか。ＩＳＳは酸素の供給に植物を使っていません。地球から持ち込んだ酸素を循環させ、なくなったら補充するというやり方です。植物を入れて循環を作ったほうがいいと思っています。技術的にはありえる話でしょうか。

藤田　ありえる話ですが、植物を持ち込んだらコストカットできるのかといった計算を誰もできていません。コケはトマトやイネ、樹木などと比べるとはるかに省スペースで育てられ、酸素を出すので、その計算をすれば、提案できると思います。

堀口 コケは50年ぐらい生きますか。50年でペイできればいい、50年のスパンでやったほうがいいということになれば、世界中で動きが出そうです。

藤田 研究予算を取るにも、数値は必要ですね。

堀口 誰も10年のスパンで投資を回収できるとは思っていません。50年、100年のスパンなら有効性を出せるかもしれないですね。藤田先生の現状の研究内容を教えてください。

火星に適したコケ「スペースモス」を作る

藤田 テラフォーミングを研究タイトルに入れた予算を獲得し、研究を進めています。コケは光と水と空気があれば、育ちます。今から5億年ほど前に今いるコケの先祖が初めて陸地に現れて、それ以来脈々とその子孫が生きながらえ、今のコケに至っていると考えられています。

巨大な肉食恐竜はコケが陸上に進出してからずっと後に現れましたが、今では絶滅してしまいました。その間もコケは絶滅することなく地球で生き残ってきました。このようにコケの環境適応能力、生存能力はすごいのです。

コケのこうした能力をさらに伸ばして、火星に適したコケをつくりたいと考えています。コケのゲノムを改変して火星で育つコケをつくり、テラフォーミングに近づけたいと思っています。具体的には、重力の大きさを変える装置をつくったり、火星のレゴリスの上で育つコケや、火星の大気の中で育つコケなど、それぞれの条件を個々にクリアできるコケをつくります。それから、全部を火星の条件に近づけます。

いっぺんにやると難しいので、個々の条件をクリアしたコケをつくり、火星全体の条件にできるだけ近づけた場合にベストのパフォーマンスを示す「スペースモス」というコケを、数年から10年ぐらいのスパンでつくりたいと思って研究しています。火星の厳しい条件をクリアできると、地球上の厳しい環境をクリアできるコケの発見にもつながると思います。火星を目指すテラフォーミングの研究は、砂漠化など、地球の厳しい環境を克服する研究にもつながります。

コケの研究人口は多くありません。生命現象を分子レベルで解析する分子生物学という領域がありますが、遺伝子の変異を利用してタンパク質を改変し、コケのポテンシャルをさらに高めるという視点の人はあまりいません。

独自の視点で、まだ誰も気づいていない新しいことを見つけられるとワクワクしています。

コケは強かった

堀口　ＩＳＳでは、スペースモスに関する宇宙実験をされていますね。

藤田　スペースモスと、先ほどお話ししたタンポポミッションの両方をやっています。

ＩＳＳの中で、人が住む与圧部内での研究と、ＩＳＳの外の宇宙空間にコケを曝露する実験をしています。曝露実験は3回目です。

　最初にやったのは、宇宙飛行士がいる与圧部の微小重力環境でコケを育てる実験です。こちらがスペースモス研究です。重力がほぼゼロなので、重力がある地上よりもコケは細く長く育ちました。それの遺伝子発現がどう違うのか、成長にどう影響するかを調べていて、論文がまとまりつつあります。

　もう一つは曝露実験で、タンポポ研究になります。ＩＳＳ外の宇宙空間では、酸素がなくコケは育ちません。まずは死ぬか死なないかを見る実験になります。コケは胞子で増えます。僕らが今使っているコケは、分子生物学の技術を用いた研究ができる最も優れたコケということで、最初に注目されたヒメツリガネゴケを用いています。ヒメツリガネゴケは茎の上に胞子嚢という袋をつくり、袋の中に胞子がたくさんあります。コケの体の中で一番強いのは葉や茎や仮根ではなく胞子だということが地上での実験でわかっていますので、胞子を曝露してどれぐらい生きているかを調べる実験をしました。

地上では僕らは紫外線を遮るオゾン層に守られていますが、宇宙空間では短波長の紫外線がどんどん当たりDNAをずたずたに壊します。紫外線はタイプA、B、Cの危険度によって分けられ、タイプCが一番危険です。大気があると、タイプCがカットされ、地上にはA、Bだけが来ます。Cが来ると高エネルギーによりDNAが切られて、生物は死にます。ところがタイプCの紫外線に曝される環境でも、コケは死ななかった。コケは強いのです。

堀口 地球ができ上がったときは、大気がないため紫外線や放射線が強い状態だったと思います。そんな環境で、生物はどうやって生まれたのですか。

藤田 生物は水の中で増えてきました。水で紫外線がカットされるので、そこで生物は育ちました。ラン藻など光合成ができる微生物が増えて、酸素を出して、大気の層ができ上がってきました。大気ができて紫外線のタイプCが地上に来なくなりました。その状態で、5億年前にコケが陸上に上がりました。そうすると、小動物もコケをすみかにして、陸上という厳しい環境でも身を守られながら棲めるようになりました。進化によりコケよりも大きなシダ植物などが出てくると、それをすみか、あるいはえさにして、もっと大きな動物が棲めるようになったと考えられています。

堀口　コケは紫外線や放射線への耐性が強いのですね。

藤田　宇宙空間での曝露で全く死ななかったわけではなく8割ぐらい生き残り、2割が死にました。半年で2割減ったのですから、10年たつとほぼ全滅になるのではないかといった予測ができるようになります。火星や月だけではなく、小惑星に持っていった場合の生存の可能性も予測できます。

学生がレポートに「限界を知る実験は重要です」と書いてくれました。その通りです。タイプCをカットした場合はほとんど死なない。タイプCでダメージを受けることが死ぬことにつながる。真空で温度変化も激しい。その厳しい条件でも生き残ることがわかっています。死んだ原因を探るため、ゲノム配列を決めて本当にDNAがやられているかを調べる。生き残ったコケも地球上では起こらないゲノム変異が起こっている可能性があるわけです。紫外線による突然変異はよく起こるのですが、地球上では起こらない突然変異が必ずしも悪いものではなく、新しいタイプの変異ならば新しい変化を生み出す可能性がある。うまく考えるといい面もあるかもしれません。そうしたデータを取り、限界や新たに起こっていることを探したい。地球上ではできないので、ＩＳＳ環境は重要だと思います。

堀口 コケは8割生きていたということですか。

藤田 はい、ただし生きていただけであって、育ってはいないのですよ。また8割というのもまだ1回だけの実験で、これからも実験を繰り返し、再現性を確かめることが科学的なデータとしてはとても大切なことです。胞子の曝露実験は、スイカの種を宇宙空間に曝露して、地球に持って帰ったら発芽しましたというのと一緒です。ロシアを中心としたグループが種を持って行って、死なないというデータを出しています。

堀口 種はすごいですね。

藤田 そうですね。なぜ種がすごいのか、胞子がすごいのかがわかれば、どうやったら育ってO_2をつくってくれるのかというところに結び付かないかなと考えています。種がすごいのは皆知っています。それを具体的にどう生かすかです。

民間ステーションで研究機会が増大

堀口　ISS退役後の民間宇宙ステーションの活用についてうかがいます。実験をするうえで環境、制度上のネックはありますか。私は研究を深めるために、ナノポアシーケンサー（DNAやRNAをリアルタイムで解読するシーケンサー）があるべきではないかと思っています。ポストISSのステーションにナノポアシーケンサーを置くことを検討しています。何か、提言はありますか。

藤田　研究頻度が増えるのは一番ありがたいですね。アルテミス計画に月面実験で応募しているのですが、だめだったら、次の応募はいつになるか。退職してしまうから、無理だよね、とか（笑い）。民間のステーションで研究機会が増えることは重要です。

先ほども述べましたがサイエンスでは再現性が重要で、1回の実験ではだめです。特に生き物は個性があるので、反応はさまざまです。人間の場合でも、体調が良いときはレモンをおいしいと感じますが、体調の悪いときにレモンを食べさせられると苦痛です。レモンは人間にとって、おいしいものか、まずいものか、結論は出ない。100回やると平均的にどれぐらいかがわかる。それが真理に近いと考えようということになります。研究の利便性は実験者にとって非常に大きいものです。途中のステップが少ないとノイズが減ります。

ナノポアシーケンサーがいいというのは、その場でサンプルをすぐに解析できることです。コケを持って帰って遺伝子の発現を解析するのですが、実はここだけの話、突っ込みどころ満載です（笑い）。宇宙飛行士がコケのサンプルを回収するのですが、僕らへのサービスのために、コケがこんなに育っているよと見せてくれて、空中に浮かせて写真も撮ってくれる。それからコケを集め、マイナス80℃に凍らせて、サンプルの反応を止めるのですが、遺伝子の発現は数分で変わるのです。一連のことを学生には1分ぐらいでやるよう指示しますが、宇宙飛行士はていねいに10分ぐらいかけてやってくれました。サンプルに影響が出ないか、少しひやひやしました（笑い）。また、ISSでは、胞子を半年間曝露するというリクエストをしました。この予定で実験は開始されたのですが、ISSの運用上の都合で、結局9カ月曝露されることになりました。2回目も6カ月の曝露実験を予定しましたがやはり運用上の都合で今度は2カ月で戻ってきました。2カ月だとほとんど死なず、100％近く生き残っていました。3度目の正直で計画通りの実験がちゃんとできればいいのですが、現在進行形です。このように、地球上では失敗と言われかねない実験ですが、宇宙実験にはまだ制約も多いのです。何とかそこからデータを探り出そうとしていますが、概算になります。そこが難しい。

堀口　ナノポアシーケンサーがあると、その場で解析できますよね。宇宙用のものを作ろうかと考えています。

藤田　すごいですね。僕らはISS「きぼう」日本実験棟にある蛍光顕微鏡を使っています。テクノロジーの進歩が速く、新しいもので試したいと思うことが多いですね。シーケンサーの進歩は目覚ましいですね。僕ら研究者自身が宇宙に行けるといいなと思います。

堀口 将来的に研究者自身がＩＳＳに行けるようになると思います。２０３１年以降、民間宇宙ステーションを使えるようになると思いますので、研究者でも一定の訓練をして、健康診断で問題なければ行けるようになるでしょう。

藤田 月も火星も行ける可能性が高まっていく方向ですので、人類が月や火星に居住を開始するという流れも止められないと思います。ムーンビレッジ勉強会（月惑星に社会を作るための勉強会）で、日本は災害が多い、自然が厳しいということを実感したことで月での居住を研究している方に会って、本当にそうだなと思いました。地球とそれ以外のオプションがあるといいし、こういう研究を進める必要があると思います。

堀口 ゲノム編集について、ヒトゲノムでは、かなり規制が入っています。倫理委員会を通すことはもちろん、データ保護にも厳しい条件が課せられています。植物については、その点は意識しなくていいのですか。

藤田 外来遺伝子を残さないゲノム編集ができます。その場合は認めるという国が多いです。外来遺伝子を残すと、もともとのものと違ってくるので、それは規制が入ると思います。自然交配は大丈夫です。

堀口　植物によるテラフォーミングは、どのように進めていけば良いとお考えですか。

藤田　テラフォーミングするには、コケはとてもいいと思います。コケを出発点の1つとして緑に覆われた土壌面積を増やしていきます。そして宇宙農業の実現を目指していきます。そして大切なのはその間に、何を食べるのか、そうした食料をどこからどのように調達するのかということです。それから食べたあとは廃棄物も出てきます。こうしたいろんなものの循環を作り上げていくこと、まさにエコシステム、循環型社会を新しく作っていくことになります。どの方法がいいという答えは誰にもわからないので、いろいろな研究者が良いと考えることをいろいろな方向から研究するのがいいでしょう。

　僕らが開始した共同研究では、内部に火星の大気を模した封じ込め容器をつくり、その中で、コケがどれぐらい育つかを評価しようとするものです。その後、堀口さんと共同開発中の3Dクリノスタットという擬似的に微小重力をつくり出す装置を用い、火星と同じ重力で培養して、火星の大気で育てるとどうなるかを調べたいと思っています。

研究を地球環境保全に応用

堀口 地球から離れた惑星でテラフォーミングできる技術があれば、地球の環境保全や環境の修復にも応用できると思っています。藤田先生のお考えは。

藤田 直近には、そちらのほうが有効だと思います。火星でテラフォーミングを実現するには、複数の障害を全部乗り越えなければならない。地球では条件が火星ほど厳しくない。火星で10個の障害をクリアしなければならないとしたら、地球だと3個クリアできればいけるという感じかと思っています。火星でのテラフォーミングの研究は地球環境悪化をクリアできる技術開発の近道にもなると思います。

堀口 CO_2削減、脱炭素の問題がありますが、CO_2を吸収する技術が植物を使ってできるのではないですか。

藤田　樹木はCO_2を吸収してくれます。植物はCO_2を吸収して自分の体をつくる。大気中のCO_2を生物の体に変えるから、効率的にCO_2を減らすことになります。コケの一種のミズゴケは泥炭の材料になるコケです。ヒメツリガネゴケよりはるかに大型で成長力が大きい。研究モデルのヒメツリガネゴケでわかった厳しい環境で育つ能力をミズゴケに置き換えてあげると、ミズゴケはCO_2をどんどん吸収、固定して泥炭のようなエネルギーに変えてくれます。コケは樹木の次にCO_2固定の手段としてありうるのかなと思います。

堀口　アフリカや中国などの砂漠地帯で、ゲノム編集なども加えた植物を育て、緑化できないでしょうか。

藤田　僕もやりたいです。コケは保水能力を持っています。鉢植えの胡蝶蘭の端に乾燥したミズゴケを置いてありますが、それで保水しているわけです。ミズゴケは体のほとんどが

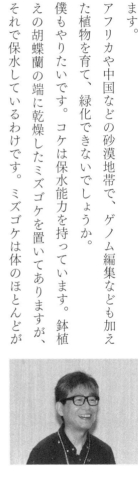

死んだ細胞で、この死んだ細胞には穴が空いています。この穴に水が溜め込まれ、スポンジのようになっています。すごいですよね、ミズゴケは自らの細胞の多くをプログラムして死なせることでスポンジ構造を作り非常に優れた保水環境を作り出すように進化したのです。

ミズゴケは育つところが限られており、あまり栄養リッチなところは嫌いで、暑すぎるところも苦手です。砂漠や乾燥地域は高温に強くなければいけないので、高温に強い秘密をヒメツリガネゴケで突き止めて、それをミズゴケに応用すると、保水力の強いものを砂漠に導入できるのではないか。ヒメツリガネゴケでもそういうところに持っていけるのではないかということを、実験してみたいと思います。

堀口 鳥取砂丘で実験してはどうですか。

藤田 鳥取砂丘、いいですね。コケの役目としては保水して乾燥を防ぐとともに、コケそのものは有機物なので、ある程度、育ちながら乾燥から守って有機物を供給してくれるということになるので、地球の緑化に応用が効けばいいなと思います。

堀口　ここまで可能性を見せられると、資金が集まります。火星になると輸送など、他の前提条件がいろいろ出てきます。地球環境の維持、改善に応用できるとなると、関心を持つ企業が出てきます。日本は人口減少ですが、世界的には人口爆発なので、食料が足りなくなる。育てている植物の全カロリーを足しても、80億人レベルのカロリーしかないそうです。これから人口が増える分、食料をつくっていかなければならない。ヒトが増えると植物が減り、砂漠化が進むという現象が出てきているので、緑地を保護する技術がかなり注目されているという実感があります。

藤田　いろいろ数字が出てきて、実用的なことをよく考えられているなと思います。数字を出してアピールするのは重要ですね。僕らは塩に強いヒメツリガネゴケをつくっていて、海水並みの塩分濃度の水でも育つものがとれてきています。1年以内にこれに関与している遺伝子などがわかるような

ところまでいけば、作物への応用ができるかもしれないし、緑地や土壌を増やしていくというところに、利用していきたいと思っています。原因がわからなくても、こういうコケがとれましたということがあれば、実証実験をやればいいのですかね。

理学部の研究者は「なぜ」とか、「どうしてか」という疑問の探究に時間をかけます。理化学研究所で研究を重ね、会社を立ち上げられた先生が詳しく研究されていますが、ある種のコケは重金属を吸収してくれます。銅を積極的に吸収するコケ、レアメタルを土壌から回収してくれるコケも研究されています。アルミニウムはほかの植物にとって毒になりますが、アルミニウムをコケに蓄積して土壌汚染を浄化する。福島では、セシウムを積極的に吸収する植物を利用して放射性物質の浄化に使うという研究もあります。重金属をたくさん吸収できる植物を重金属汚染土壌に栽培して、土壌を浄化する技術をファイトレメディエーション（phytoremediation）といいます。ファイトは植物、レメディエーションは修復するという意味です。そういう利用もあると思います。

コケ植物は2万種ぐらいあるとされていますが、それぞれどういう特徴があるかを調べる研究に、全く手を出せていません。可能性は大きいと思います。北海道の登別温泉の地獄谷に行くと、ほかの植物は生えていないのに、硫黄の温泉のところに、コケが生えています。このコケは硫黄を食べて生きているのかと思わせるような、そんなコケもいます。いつかは研究したいと思いながら、まだ研究できていません。地球上にいる生き物のポテンシャルを引き出して活用したいですね。

堀口 植物は有用ですよね。過酷な環境で死んでいないというのはすごい。

藤田 じっとしているのに、奇跡的です。ヒトは動いて過酷な環境から逃れるという能力を得た一方で、過酷な環境ストレスに対する細胞の強さを失っているように思います。学ぶものが多いと思います。

堀口 植物を研究してビジネス利用するのに、こういう使い方があるというアイデアはありますか。

藤田 植物には、ポテンシャルがあります。植物が光合成していることにも大いに注目すべきです。人工光合成はできていません。宇宙に行くときに、コストのかからない友として連れて行けるのが植物です。

宇宙領域の研究は夢があるので、楽しみながら取り組んでいます。一人一人が夢を持ちそれぞれの夢に向かって進んでいけることはとても大切なことだと思います。私のこうした取り組みも、そうしたたくさんある中の1つかなと思います。堀口さんとの協働はもちろんとても楽しみで、一研究室では不可能なことが可能になるのではないかと大いに期待しています。また、植物に限らず生き物はコスモポリタンですので、世界中の皆さんと直接的でも間接的でも力を合わせて進めていければ嬉しいです。

堀口 ありがとうございました。藤田研究室との共同研究を楽しみにしています。

対談②　谷口英樹氏（たにぐち・ひでき）

プロフィール

東京大学医科学研究所　教授

1989年筑波大学医学専門学群卒業。1997年筑波大学臨床医学系講師・外科（消化器）。2002年横浜市立大学医学部教授・臓器再生医学。専門領域は再生医学・幹細胞生物学・移植外科学。日本臓器保存生物医学会理事、日本再生医療学会理事、日本移植学会評議委員などを務める。2014年ベルツ賞を受賞。2018年7月より東京大学医科学研究所　幹細胞治療研究センター　再生医学分野教授（現職）、2019年4月より東京大学医科学研究所　幹細胞治療研究センター　センター長（現職）。

宇宙だからこそできる、再生医学研究

日本の宇宙分野研究には独自性が必要

堀口　谷口先生と初めてお会いしたのは、2020年にJAXAが開催、弊社が運営事務局を担当させていただいた、国際宇宙ステーション（ISS）・「きぼう」利用シンポジウムのときでしたね。宇宙飛行士の若田光一さんがJAXA理事を務めていました。

谷口　そうでした。シンポジウムの打ち合わせをしましたね。

堀口　いかに微小重力環境が有効なのかという話で、谷口先生から「日本はもっとエッジのきいた研究にお金を投入すべきではないか」という話を聞きました。

谷口　NASAの管理下に入っていては厳しいのではないか、という話をしました。今も同じように思っています。

堀口　谷口先生が「お金がないのだったら、使えるお金の範囲内で、独自の研究、事業をやるべきではないか」というお話をされて、感銘を受けました。

谷口　ロケットを最小化するという、ペンシルロケットの話ですね。貧者の戦略というか、米国やＮＡＳＡのやっていることと同じことを日本が小規模化してやるのではいけないという考えです。

堀口　そのお考えはとても参考になりました。私も米国がやっていない領域で事業をしています。

谷口　今もその考えは全く変わりません。同じフィールドで同じことをしていて、ＪＡＸＡがＮＡＳＡの上を行くとか、日本の宇宙ビジネスが米国の上に行くというのは簡単ではないと思います。米国とは違うフィールドでやるか、同じフィールドでもやり方が根本的に異なるとか、そういうことでないといけないと思います。

堀口　私も同じ考えです。

細胞から臓器をつくり出す再生医学研究

堀口　さて、谷口先生が研究している再生医学とは、どのような研究ですか。

谷口　再生医学は生き物の力、細胞の力を活用した新しい治療法を開発しようという研究領域です。従来の治療法は化学物質や、タンパク質を投与して治療するというものでした。細胞は生き物そのものです。それを使う細胞治療は再生医学のはしりです。再生医学は細胞や組織、臓器などの塊をつくって治療します。細胞を投与するだけで治療効果を引き出すことは簡単ではありません。我々は肝臓を人為的につくろうとしています。組織に相当するものがオルガノイドと呼ばれるもので、複数の細胞から構成された構造体です。これをｉＰＳ細胞からつくるというのが今の再生医学研究のフロントロウです。将来構想としては、ｉＰＳ細胞からつくった細胞を原材料として、組織構造であるオルガノイドをつくり、臓器そのものを再構成していくという研究が進んでいます。一言で言うと、生き物である細胞や組織、臓器をつくり出す、そしてつくり出した臓器を使って患者さんの治療をするというのが再生医学です。これは簡単なことではなく、抜本的に医学のコンセプトを変える治療法で、100年単位の開発です。それが始まって、まだ20年ぐらいです。これから多くの研究者が入って発展するフィールドだと思います。

　私はもともと移植外科医です。臓器移植はドナー、提供者の方から臓器をいただいて患者さんに移植をして治療します。しかし、臓器提供者は患者さんの数に比べてはるかに少ない。臓器提供があれば助かる患者さんをなかなか助けることができないのが現状です。世界の中でも日本は特にそうです。そこで、ヒトの臓器をつくれないかということを研究テーマにしました。臓器をつくるために再生医学の研究を始めました。当時は細胞をつくることすら難しかったのですが、今ではオルガノイドをつくれるようになって、いよいよ臓器をつくれる時代になりつつあります。

堀口　再生医学研究を始めたきっかけは何ですか。

谷口　私の恩師は1984年に日本初の脳死ドナーからの膵腎同時移植を行った筑波

大学の岩崎洋治先生（故人）です。当時、脳死臓器移植をしなければならないことは、多くの移植外科医が理解していました。しかし、脳死移植にはさまざまな社会的課題があり、脳死移植のことを言うとバッシングされる恐れがあったため、誰も脳死移植をしようとしませんでした。岩崎先生は、「みんな頭では脳死移植が必要だとわかっているのに、社会からたたかれたくないという保身のために、脳死移植が必要だと言わない。誰かがネコの首に鈴をつけなければならない。それは私がやる」と言われていました。私はその姿勢に感動、感銘を受け、岩崎研究室に行きました。

岩崎先生は外科医でありながら、毎週、英科学誌『Nature』を読んでいました。１９８９年、肝臓再生因子を世界で初めて発見したという中村敏一先生（当時九州大学、後に大阪大学、故人）らの論文が掲載されました。岩崎先生はこれを読んで、「肝臓の再生因子を日本の研究者が発見しましたね。うちでもこういう研究ができないか」と言われ、「お前はどうだ」と指名されたのが私でした。臓器移植では、動物の臓器をヒトに移植する研究がありましたが、それはどうかと疑問に思っていました。健康な方にメスを入れる生体臓器移植もすべきではないと岩崎先生は考えておられました。科学の力で臓器をつくる時代が必ず来るから、その研究をすべきだと思いました。そのような流れで、30年以上、再生医学研究をしてきました。研究を始めた当時は細胞をつくるのが難しかったのですが、細胞やオルガノイドをつくれるようになって、いよいよヒトの臓器を創出できる時代になりつつあります。

微小重力環境を使った再生医学研究

堀口　谷口先生はISSの微小重力環境を使った研究に取り組んでおられますが、具体的にはどのような実験をしていますか。

谷口　我々の研究グループは、ヒトiPS細胞由来の肝臓細胞、間葉系幹細胞、血管内皮細胞という3種類の細胞を試験管内で培養し、それが3次元構造化することを確認しました。初期的な肝臓の芽、オルガノイドです（注：研究論文は2

013年7月の英科学誌『Nature』に掲載)。

オルガノイドはこの3種類の細胞の細胞間相互作用を引き出して3次元構造化しています。ISSでやろうとしているのは、オルガノイドとオルガノイドの相互作用という組織間相互作用を再現することです。肝臓の芽に相当するオルガノイドと、大血管のオルガノイドとの組織間相互作用のハンドリング技術の開発です。重力があると、上下が決まってしまいます。それがプラスに働くことがあれば、マイナスになることもあります。ニュートラルな環境を組織に与えて、組織が自分の都合で構造をつくれるようにしてあげるのです。異なったオルガノイド間の相互作用を確認する実験により、臓器創出につなげることが目的です。具体的には、大血管オルガノイドの周囲に肝臓のオルガノイドを付着させて、肝臓の組織構造が形成されるかどうか、大血管から延びてきた血管系と肝臓オルガノイドの中の血管系が連結するかどうかを調べます。

再生医療に使うことが考えられるのは細胞、オルガノイド、臓器ですが、それぞれにメリット、デメリットがあると考えています。理想は臓器を工場で生産できることですが、コストや腫瘍ができないかといった問題があります。細胞の治療効果はあまり出ていませんが、うまくハンドリングをすれば、細胞投与で治療効果を引き出すことも不可能ではないと考えています。造血幹細胞を使った治療と同じようなコンセプトで肝臓疾患の治療を行うこともできると考えています。再生医療は新しいフィールドなので、何がベストかを決めるのは時期尚早です。

堀口　微小重力環境のメリットはどこにあるのでしょうか。

谷口　お母さんの子宮の中で胎児が発生するプロセスの中で、複雑な臓器がつくられています。それをどうやって再現するかというのが再生医学の最前線です。

子宮の中で胎児がどういう状態で存在しているのかを考えると、子宮には羊膜という膜があり、その中に羊水がたまっています。生命が発生した太古の海とほとんど同じような成分ではないかと言われています。羊水の中で浮遊しながら3次元構造である胎児が発生します。そして、胎児の中で、心臓や肝臓などの各臓器がつくられます。浮遊環境は生物から見ると、微小重力環境に非常に近い、重力がキャンセルされた環境です。その環境が劇的に完璧につくられているのが宇宙空間ではないかと考えています。「微小重力環境は臓器発生に有益だと思われる浮遊空間をエンハンス（強化）した環境だから、ヒト臓器をつくるのに適しているのではないか」というのが我々の仮説で、それを検証する実験を開始しました。

なぜ、微小重力環境が臓器発生に有力なのかということですが、重力があると、上と下が絶対的な位置関係として生じてしまいます。それは臓器創出にとって、良い環境ではありません。臓器が3次元構造をとるうえで、細胞が自由に形をつくっていくというのが都合がいいわけです。重力があると、上下が決められてしまいます。もっと自由な環境、細胞や組織同士の相互作用を生物側だけの都合で決められるニュートラルな環境が発生には有利であり、それが微小重力環境だと考えています。ヒト臓器創出に微小重力環境を活用しようと実験をしています。

堀口　どうして宇宙と考えたのですか。何かひらめきがあったのでしょうか。

谷口　宇宙飛行士がプールでトレーニングしている映像を見て連想しました。飛行士はチューブを着けていて、それがへその緒をつけて浮遊している赤ちゃんに見えたのです。宇宙での完璧な微小重力環境を活用したら臓器創出ができるというインスピレーションがわきました。

堀口　すごい。谷口先生のオリジナルのアイデアなのですね。ヒトは重力環境で生まれ、育ってきており、これが通常の状態だと思います。微小重力環境が細胞に有利だというお話は理解できましたが、ヒトのＤＮＡは重力に応答する形でできているのではないですか。

谷口　我々は重力環境で成長していくので、重力があることは重要です。しかし、発生初期のことを考えると、ヒトの臓器形成期は妊娠5、6週で、40週の妊娠期間の初期の段階でつくられます。初期の段階がどういった環境に置かれているかというと浮遊環境であり、ある程度成長するまでは、へその緒だけで母親とつながっていて、胎内というカプセルの中にいます。まさに模擬的な微小重力環境です。大人の感覚ではヒトは重力の中で生きていますが、発生の初期段階ではまさに羊水という海の中にぷかぷかと浮いています。ヒトだけではなく、哺乳類全てがそうです。初期段階に臓器などの3次元構造がつくられます。初期段階を再現するのが、微小重力環境での臓器創出です。浮遊環境以上に有利な環境になる可能性があります。

堀口 なぜヒトは浮遊している状態で臓器がつくられるようになったのでしょうか。

谷口 生命が生まれてきたのも海の中です。海の中にも重力がありますが、浮力が働いて重力がかなりキャンセルされた状態にあります。両生類以前はみな海に棲んでいました。発生の仕方については、原始の海をどうやって地上に持ち込むのかが、哺乳類の大きな課題だったのです。お母さんの子宮の中に実は原始の海があるということです。

堀口 まさに、母なる海ですね。

谷口 発生の初期段階は魚類も両生類も哺乳類もそう変わらない。ヒトもそれほど違いがありません。ぷかぷか浮いているというのが重要で、その中で臓器が形成されていきます。臓器形成にとって、重力はプラスではなく、マイナスである可能性もあります。もちろん、成長してくれれば、重力がないと関節や骨が成長しないなどの問題が起こりますが。幼児が立ち上がるようになるとき、重力がかかってしっかり手足が耐えられるようになるという点では、重力がポジティブに働いているという要素はあります。

堀口　微小重力環境でヒトが育つと、1Gのもとで育つよりも、弱い骨で育っていくのでしょうね。

谷口　それはISSでもわかっていて、筋力が弱くなり、骨が骨粗しょう症のようになっていく。大人にとっては良くない環境ですね。

堀口　ヒトが微小重力環境で生き続けると、寿命が短くなるのでしょうか。

谷口　それは誰も調べられていないと思います。寿命が短くなる可能性もありますし、逆に長くなる可能性もあります。

堀口　筋肉や骨が衰えるということは研究結果として出ていますが、それがイコール老化かどうかというのは医学的に証明されていないということですか。

谷口　地上の感覚で言うと、老化の促進という概念になります。手足の筋力は弱まって、地上に戻ったときは老化が進んでいる状態になります。一方、微小重力だと血液を送り出す力が少なくてすむので、心臓は楽になります。

例えば、宇宙の微小重力で生き続けることができる時代になったとして、一卵性双生児のうち1人は地上、1人は微小重力環境で生活するという時代が来たときに、どちらが長生きするかを調べたら、宇宙のほうが長生きする可能性はあると思います。今は仮説の段階で、何とも言えません。私の感覚で言うと、生命が発生したのは原始の海の中です。生命体は浮遊環境にマッチしたようにつくられていて、地上に出てきたときは、生物にとってはかなり負荷のかかる状況に強引に出てきたようなところがあります。ですから、宇宙に行くというのは原始の状態に帰るということに近いので、生命体にとってはむしろ良いことがあるのかもしれない。そういった壮大な仮説を持った生命研究が必要だと思います。数十年という長期的な滞在になると、いろいろと新しい生命現象の解明ができるかもしれません。

「宇宙でしかできない研究」をするべき

堀口　宇宙での研究が有意義だということをもっと打ち出したいですね。

谷口　壮大な生命科学の宇宙実験をしたほうがいいと思います。地上実験でフィージビリティースタディをして、うまくいきそうなものだけを宇宙に持っていくという考え方ではいけません。宇宙で初めてできることだから、うまくいくかどうかわからないけれどやってみるという研究が今はなかなかできません。そういう研究ができる時代が近々くるかもしれません。そうなったら、面白い生命科学の実験が広がるように思います。

堀口　ポストＩＳＳではそういった研究ができると思います。今は利用に関して細かな規制や制限が多くあるという状況があります。ポストＩＳＳでは、我々も利用促進にかかわっていますので、ぜひその点を変えていきたい。我々は植物の重力応答メカニズムの研究をしていますが、ＩＳＳにその場で実験結果を解析できるシーケンサーがない。実験結果の試料を持って帰るのに、３、４カ月かかります。研究者にとって使いにくい状況があるように思います。実験設備が十分ではない、制限が多いといった問題がありますので、そういう状況を今後は改善していきたいと思っています。谷口先生はどんな要望がありますか。

谷口　運搬を含めて地上と同じようなレベルの実験ができれば、うれしいですね。いたしかたない面はありますが、非常に多くの制限があります。クルーの安全性が担保されなければならないなどの条件をクリアしたうえでできることというのは、限られています。実験データは持ち帰って解析するしかありません。宇宙そのものの解明とか、寿命を延ばすための研究とか、そういうテーマを設定できる環境にない。多くは地上でできることを宇宙で再現しようというものです。それも大事ですが、宇宙で生きていくとなると、地上と全く違うことが起こりうるのですから、宇宙でしかできない壮大な研究をするべきです。いろいろな分野の研究者が入ってくることができます。そのためには、現在は高い実験コストを下げる必要があります。コストを削減するか、誰かがコストを負担するかのどちらかしか選択肢がありませんが。

堀口　谷口先生の理想とする研究をするためには、何が必要ですか。

谷口　宇宙飛行士は実験の専門家ではなく、トレーニング、シミュレーションを何回かしたうえで実験操作を担当してくれます。それでもできる範囲の実験ということになってしまいます。生命科学研究者自身が宇宙に行って実験できるようになるのが一番いいことです。そういう時代が来るにはもう少し時間が必要だと思いますが、そういう時代になれば、状況が変わると思います。ロボティクス分野で、宇宙実験をするロボットが開発されて、それが地上での実験に活用されていくということはできないでしょうか。宇宙飛行士にやってもらうのではなく、プログラムを組んで、その通りにロボットが実験してくれるというやり方です。宇宙飛行士のコストと同等のコストでできるならば、実現可能性があると思います。地上での応用も視野に、宇宙を新しい手法を開発するフィールドにしたらいいと思います。

堀口　日本のスタートアップ企業のGITAI（ギタイ）が宇宙で安全、正確に作業できるロボットを開発して、宇宙飛行士の負担軽減、費用削減を実現することを目指していますね。

谷口 細胞は生き物なので、化合物製造のように誰がやっても同じようなものができるわけではありません。職人芸的なところがあります。職人芸というのは、それを分解、解析してプログラムにできる、ロボティクスに落とし込めるものです。落とし込む作業は大変だと思いますが、一度、うまく落とし込んだら、人間がやるよりもはるかに上手にできます。Aさんだとできるけれど、Bさんはうまくできないといったことではいけません。職人芸に頼るという問題を解決しないと、再生医療の展開はできなくなってしまいます。ロボットの開発は地上でもできますが、なぜそれが必要かという点が問題となります。開発にコストがかかり、売れるかどうかもわからないロボットをつくろうとすることが認められるかどうかわかりません。宇宙領域では、宇宙飛行士のコストが非常に高いので、「宇宙飛行士と同等の仕事をするロボット開発」は十分ありうるということになります。

堀口 365日24時間稼働を宇宙飛行士にお願いすることは無理ですし、すさまじい

谷口　お金がかかりますね。コストの考え方が重要だと感じます。

堀口　ロボティクスを宇宙開発の柱にできないかと思います。いま、日本では研究の評価は2年後に成果が出るかどうかで決められてしまいます。宇宙開発はスパンが長く、少なくとも10年で成果が出るかどうかを考えないと、開発はできません。

谷口　今、多くの方が注目しているのは衛星開発になっているので、ロボティクスを宇宙開発の主分野に入れたいですね。

堀口　それに加えて、先ほど話に出たペンシルロケットです。ロケットの小型化が進んでいますが50ｍを30ｍにするという小型化ではだめです。肩に担ぐような大きさのテープレコーダーをウォークマンにしたというような超小型化です。徹底的に小さくすると飛ぶのかという問題はありますが、追求すれば実現可能かもしれないですね。ポストＩＳＳでは、民間主導となるので、どこまでＪＡＸＡがやるか、議

論になっています。民間が入ることによる民間ならではの投資のスキームなどを検討しています。当社は医学、ライフサイエンス系の研究にお金が集まってくるよう努めています。理想は「宇宙を使ったほうが研究費が出る」という領域になることです。

谷口 当面は地上で生きる市民にメリットがあるという研究にお金が出るスキームになるでしょうが、目指すべきものは、「今の医学では助からない人のためにやる」といった高邁な目標です。イーロン・マスク氏の掲げる目標はそうだと思います。「人類はこのままでいくと100年後、200年後にまずいことになる。だから、宇宙を目指すのだ」と言っています。それに共鳴する人は必ずいると思います。高邁さに共鳴した人からのお金も集まります。宇宙は大事だと思いますが、何が大事なのか、宇宙で何をやるのかは混沌としています。日本政府は、骨太の長期展望、方針を打ち出してほしい。いったん方針を立てたら、変えないで継続する。ケネディ米大

統領は10年以内に米国人を月面に立たせるという強い意志を示し、アポロ計画を実行しました。そうしたものが日本にはない。壮大な夢を語ることのできるのが宇宙領域です。

堀口　孔子の弟子である荀子《じゅんし》の「着眼大局、着手小局」という言葉があります。物事を大きな視点から見て、小さなことから実践するという意味です。日本は着手小局ばかりになっているので、着眼大局を重視してほしいと思います。大きく見ることは重要ですね。壮大な夢を打ち出し、それに共感する人を増やしていって、お金も調達するという流れにしたいですね。ありがとうございました。

第6章
スペース・トランスフォーメーション実現のために

アカデミアへの提言

あらゆる学問領域にかかわる「宇宙」

宇宙といえば多くの方がロケットや人工衛星を思い浮かべ、大学などで宇宙にかかわる分野といえば「宇宙工学」だと考える方が多いのではないでしょうか。宇宙に関する研究をしたり、宇宙にかかわる仕事に就くなら、こういった学部・学科を出ていないと難しいのではないかというイメージもあるかと思います。

しかし、宇宙工学、また天文学や物理学だけが宇宙に関係する学問領域ではありません。徐々に人類の活動領域が宇宙に広がっている今、以前から宇宙に深くかかわってきた学問領域だけでなく、「人」や「社会」、「生命」に関係するすべての学問領域が宇宙とかかわりをもつことになります。理学・工学・医学をはじめとした理系領域はもちろん、どの学問領域においても宇宙環境を前提とすることで新たな研究テーマが開けることになるのです。

これまでにない知見を見つける、新しいデータを得るということは、研究において重要な営みの一つです。しかし、昨今は既存の研究領域の中で、指導教員や先輩が行ってきた研究の延長線上で研究を進めるといったような姿勢が多いように感じます。「巨人の肩の上に立つ」という言葉があるように、多くの先人による研究の積み重ねがあってこそ、新たな地平が開けることは大いにあり、それはもちろん否定されることではありません。ただ、既存のルートからあえて外れた研究を行うことで見出される新たな知見や、これまでになかった視点もあると思うのです。また、こうした傾向については、確実に成果の出そうな研究が評価されやすいという風潮も関係しているかもしれず、科学技術政策の面からも検討が必要だと思われます。

繰り返しになりますが、宇宙で人類の社会や経済が築かれることになれば、地球上と同じく、あらゆる学問領域が宇宙と関係することになります。そのためには、さまざまな分野で基礎的なデータや知見の裏づけが必要になります。

最近、学習院大学では、全学共通科目として「宇宙利用論」という授業が実施され、ビジネスやマーケティング、法律、安全保障、さらには歴史の観点まで含めた幅広い内容の講義が行われているそうです。これは非常に頼もしい動きで、今後、より多くの大学・研究機関で、さまざまな分野での宇宙に関する研究が進むことを期待しています。

宇宙環境の新規性に理解を

ライフサイエンスや材料系実験においても、宇宙は微小重力環境なので、環境そのものに新規性があります。**宇宙はアカデミアにとって研究のブルーオーシャン**です。そこには、新たな知見を得る可能性が無限に広がっています。

「宇宙で研究を進めることで、新しい発見がある」ということを1人でも多くの研究者の方に知ってほしい。少しでも自身の研究に「宇宙」という視点を取り入れてもらいたいのです。そうしてあらゆる研究領域に宇宙が関わることで、人類の活動領域が宇宙に広がる基盤が形成されます。

また、研究者の皆さんには、自身の研究分野において、従来の枠を超えた大胆な挑戦をしてほしいと強く願っています。特に生命科学分野では、一層その期待が大きくなります。微小重力環境下では、重さがほぼない状態となるために物質の挙動が変わります。例えば流体中の物質は浮力がなくなるため浮かんだり沈んだりせず、また流体を加熱しても対流が起こりません。「きぼう」日本実験棟ではこうした特徴を活用して完全な結晶構造を作成したり、高品質なタンパク質結晶を作成したりすることでその構造を解明し、創薬に生かすといった研究も行われています。

研究テーマに「宇宙」を取り入れることで、科研費を取得しやすくするような仕組みを作るべきです。これにより、多くの研究者が宇宙に関心を持ち、研究が飛躍的に進むと考えられます。研究費が限られている現状では、宇宙分野へのシフトは自然な流れとなるでしょう。

宇宙からのデータが日常に活かされ、また産業としても宇宙に大きな期待が寄せられている今、宇宙領域の研究を進めるために、このような支援策の実現を強く望みます。

経済学や文学を含むコミュニケーション系などの人文社会系分野では、地球という枠組みの中での考え方や倫理観について多くの研究が行われています。これを基盤として、宇宙という新たな空間でどのようなコミュニティを構築すべきかを探求することが重要です。

例えば、閉鎖空間での行動が限定される中でのコミュニティについて、人類はほとんど経験を持っていません。これこそが新たな研究の対象となり得ます。

また、経済圏を考える際に、従来の地球上の経済圏に加えて、宇宙という新たな経済圏が加わった場合、これをどのように捉えるかというテーマもあります。さらに、安全保障の観点から、宇宙を国家安全保障の一部としてどのように取り扱うかも、非常に重要な研究テーマとなるでしょう。

これらの新たな領域における研究は、人文社会系分野においても大きな可能性を秘めており、宇宙に関連する研究を進めることで、さまざまな新しい知見が得られることが期待されます。

宇宙研究を推進するためには、資金供給や国および国立研究開発法人科学技術振興機構（ＪＳＴ）の支援、そして科研費の支援が重要です。政府が本当に新たな産業を創出する意思があるならば、アカデミアの研究を必要としている分野として、宇宙は非常に重要な位置を占めると思います。

現在、日本のＩＴ産業は先進国に大きく遅れをとっており、追いつくのは困難な状況です。ＡＩについても、かつてはチャンスがあると言われましたが、現状でもＡＩ関連サービスの遅れが目立っています。このような状況の中で、**日本の強みとされる製造業やバイオサイエンス分野の研究者たちの力を最大限に活用できるのは、宇宙分**

野ではないでしょうか。

この分野に対して割り切って資金を投入し、積極的に支援を行うべきです。このように考えている人は決して少なくないでしょう。政府や関連機関が一丸となって宇宙研究を支援することで、日本の新たな産業の基盤が築かれることを期待します。

宇宙研究に集中投資を

ＪＡＸＡ基金は、民間企業を巻き込んで技術開発を進めることで、宇宙における日本の自立を確保し、宇宙活動の拡大を図るとともに、産学官によるエコシステムを形成することを目的としています。この基金は民間経済への波及効果も目指しているため、アカデミアが補助を受けるためには、しっかりとしたストーリーを構築する必要があるでしょう。

宇宙研究に資金が投入されることで、民間企業が参入し、宇宙への関心が高まると同時に、研究成果も増加するという良循環をどう作り出すかが課題です。

世界の状況を見渡すと、中途半端な投資では競争に勝てません。全ての分野に投資するのは現実的ではないため、特定の分野に集中投資する意気込みが必要です。その点で、宇宙分野の研究者や民間企業への投資は非常に有望だと考えます。

宇宙分野は、科学技術、製造業、バイオサイエンス、情報技術など、あらゆる産業と密接に関わる分野です。そのため、特定の分野に資金を集中することで、広範な産業に波及効果をもたらすことが期待できます。

宇宙利用に参入することを目指す企業への提言

CSO（チーフスペースオフィサー）を置く

現状、宇宙分野の取り組みは企業の事業部レベルに留まっています。宇宙事業の難しさは、宇宙という環境の特性などについて一般に情報が少なく、後から参入しようという企業にとって未知のことが多すぎるという点にあります。今後、宇宙で活動する人が増えるとすると、生活用品などのニーズも増えるはずです。しかし、現在地上で生活用品ビジネスを行っている企業がそのまま製品を宇宙に持っていっても、うまくいくはずはありません。

こうしたことはもちろん、誰でも想像がつくことですが、では宇宙に適した製品・サービスをつくるためにはどうしたらよいのか、宇宙とはどのような環境で現状宇宙で使われている製品にはどのような工夫がされているのか、新しく製品をつくるとしたらどのくらいのコストがかかるのか、そして開発した製品を宇宙で展開したときにどのくらいのインパクトがありそうなのか…といった、事業に取り組むための情報が、新規参入を考える企業にとって圧倒的に不足しているのです。

宇宙産業には、ロケットやＩＳＳの運用など、すでに信頼性の高い老舗企業が存在しています。例えば、ロケットなら三菱重工業やＩＨＩエアロスペース、ＩＳＳ運用なら有人宇宙システム（ＪＡＭＳＳ）などが挙げられます。これらの企業は、部品やオペレーション一つ取っても高い信頼性が求められる宇宙産業で長年の実績を積んでいます。

宇宙産業では、品質が過剰に重視される傾向にありますが、新規参入する企業が長年実績を積み上げてきた老舗企業に品質で勝つことは至難の業です。今後参入を考える企業にとっては、信頼性と品質で勝つことを考えるのではなく、品質とコストのバランスが取れたプロダクト・サービスを開発していくことが重要です。例えば、自社が展開している民生品を宇宙用にするとどうなるか、試しながら作っていく。東京大学の中須賀真一教授は「ほどよし」という表現をされていますが、そのプロダクト・サービスにとって「ほどよし」となるのはどこかを探るのがポイントです。

宇宙分野への参画は、企業にとっては重要な戦略的決断です。しかし、その価値を最大限に引き出すためには、単にサービスや製品を提供するだけでなく、ビジョンとミッションを明確にする必要があります。

ビジョンは、宇宙での事業展開における未来像や目標を示し、ミッションはその実現に向けた具体的な行動指針を定めます。これらが明確でなければ、宇宙分野の事業は意味を持たず、コストだけが増える結果に終わるでしょう。そのため、宇宙分野に参画する企業は、宇宙事業責任者を置き、ビジョンとミッションを策定し、実行することが重要です。

ＩＴの発展とともに、ＩＴ系企業においてはＣＴＯ（チーフテクノロジーオフィサー＝最高技術責任者）が重要なポジションとして誕生しました。同様に、宇宙産業においても、その重要性を示すために、ＣＳＯ（チーフスペースオフィサー＝最高宇宙責任者）を設置することが重要です。

経営陣が宇宙事業へのコミットメントを示すことは極めて重要であり、ＣＳＯはその一翼を担います。ＣＳＯには、宇宙技術への深い理解と起業経験が求められます。そのためには、ＪＡＸＡや宇宙企業での経験を持つ人材が適任とされます。

一方、別分野の人材でも、ＩＴ分野の人材は親和性が高いと思います。イーロン・マスク氏やジェフ・ベゾス氏、そしてロケット開発企業であるインターステラテクノロジズを立ち上げた堀江貴文氏など、多くの成功者がＩＴ分野出身であることが注目されます。彼らがＩＴ分野で培ったスキルや経験が、宇宙産業においても有用である理由は、いくつか考えられます。

まず、品質管理やリスク管理など、ＩＴ分野での経験が宇宙産業における品質管理や安全性確保にも役立つことが挙げられます。また、ＩＴ分野では常に新しい技術やビジネスモデルの開発に携わってきたため、宇宙産業においても革新的な発想やビジネスモデルの構築に貢献できると考えられます。

さらに、ＩＴ分野出身者は「フロンティア」と呼ばれる未開拓の領域に挑戦する意欲や、リスクを恐れずに大胆な投資を行う姿勢を持っていることが多いです。これは宇宙産業においても重要な要素であり、新たな技術やビジネスモデルの開発において積極的に取り組むことが求められます。

したがって、ＩＴ分野で培われたスキルや経験は、宇宙産業においても有用であり、異なる分野の人材が活躍する可能性があると考えられます。彼らのＩＴ分野での成功経験や発想力が、宇宙産業の発展に貢献することが期待されます。

投資への考え方の転換を

地球の土地や資源には限りがあり、食料生産やエネルギー生産には制限がありますすが、広大な宇宙空間は場所という意味では無限の広さがあり、太陽光エネルギーのより効率的な活用や小惑星に埋蔵された資源の活用など、地上にはない可能性が広がっています。

一方で、宇宙は真空、無重力で、高放射線量や強力な紫外線が存在し、さらに輸送・交通や通信、衣食住のインフラがありません。地球上では考えられない環境の中でビジネスを行う際にはさまざまなリスクがあり、特に宇宙で人が活動する際には生命を危険にさらす恐れもある点は十分意識しなければいけません。こうした宇宙における未知の部分や地球上と異なるリスクの存在が、企業の宇宙ビジネスへの挑戦を足踏みさせている現状は大いにあるでしょう。

地上とは物理的環境が異なり、また未知のことも多い宇宙でビジネスを実現していくためには、リスクマネーを集め、効果的に使っていく必要があります。リスクマネーの集め方や運用についても、従来とは違った考え方が必要になると思っています。

私は、宇宙ビジネスはもちろん、スタートアップへの投資が活発に行われている米国の投資に対する考え方が、日本の宇宙ビジネスに対する投資に関しても参考になると考えています。

例えば、ファンドを組成し、1000億円集まるとします。一般的には日米ともにLP（リミテッド・パートナーシップあるいは投資事業有限責任組合）が組成されます。もちろん目標リターンを設定しなければなりません。

仮に、5年で300億円のリターンを出すと設定されたとき、米国では投資額トータルに対して設定されたリターンをクリアすることが求められます。

一方、日本におけるファンドでは、投資先企業の「全て」が一定のリターンを出すことを求められることが多いように見ています。1000億円のファンドで100社に投資し、99社が失敗したとしても、ユニコーン企業が1社誕生し、2000億円のリターンが出れば、ファンドとしては大成功のはずです。米国のファンドの多くはこうした考えで運用されており、日本においてもこうした姿勢で幅広い可能性に賭けていくスタンスが求められるのではないかと考えています。

こうした日米の投資姿勢の差は、LP出資者の構成が両国で大きく異なることも要因の一つかもしれません。内閣府の2021年の資料によると、米国では大学・財団エンダウメント、年金がLP出資者の65％以上を占める反面、日本では事業会社、金融機関が9割以上を占めており、機関投資家の割合はごくわずかです。

ＪＡＸＡへの期待

転換点に立つＪＡＸＡのあり方

バブル経済崩壊後、ＩＳＳの建設が計画された際、ＪＡＸＡの前身である宇宙開発事業団（ＮＡＳＤＡ）は技術開発に力を注ぎ、その成果を上げました。ＩＳＳの建設に向けた取り組みは、当時の日本の宇宙開発における重要な一歩でした。今後月探査などの新たな目標に取り組むなら変化が生じるかもしれませんが、主だったところはすでに終了しています。

ＪＡＸＡはこれからどのような役割を果たすべきか、またどのように宇宙開発に貢献すべきか、政府に問われています。これまでロケットやステーションの開発に携わってきた人々にとって、これまでとは異なる難しいミッションを課されているといえます。

こうした状況の中で悩ましいのは、今後の貢献の方向性が国として明確に提示されていない点です。現在、ＪＡＸＡでは宇宙航空関連の研究開発はもちろん、宇宙関連の新規事業開発支援などにも取り組んでおり、自ら将来のあるべき姿を探索している状況であると思います。さまざまなことを試し、その中から方向性を見出していくことはもちろん必要ですが、既存の存在価値を保ったまま、次のあり方を探ることには無理が生じる恐れもあります。

今では民間による宇宙ビジネス関連のコンソーシアムや、個々の企業による宇宙ビジネス支援サービスなども立ち上がっていますから、民間に任せられる部分は任せ、その分のリソースはＪＡＸＡにしかできないプロジェクトに回すという思い切りも必要であると感じます。

ＪＡＸＡはこれまで、日本の宇宙開発を牽引してきました。多くの特許を有し、またＮＡＳＡとの強固なつながりも築いています。産業活性の面では、民間との議論の場として、ＪＡＸＡ宇宙イノベーションパートナーシップ（Ｊ－ＳＰＡＲＣ）がありますが、こうした共創の取り組みをさらに強化し、発展させることが求められています。

前述した1兆円のＪＡＸＡ基金には大きな期待が寄せられていますが、この基金は補助金的な性質が強いものだと感じています。

投資先については、宇宙基本計画の改訂後に策定された「宇宙技術戦略」の方針もふまえつつ、ＪＡＸＡほか、関係省庁や委員会などでの意見交換を経て決定されることになるかと思われますが、この際に、ぜひ長期的な視点での検討とともに、これまでにない新規性のあるチャレンジに対しても道を開くような視点があるとよいと思っています。

投資関連の話題については後でもふれますが、宇宙のように科学的に未知の事項が多く、また産業としても未成熟の領域に対して資金を投入する際には、ある程度の失敗、つまり投資が回収できない可能性も許容する姿勢が求められます。

「VUCA（英単語の変動性・不確実性・複雑性・曖昧の頭文字をとった造語）の時代」と言われるように、数年前の常識が通用しなくなる事態が多々起きる現代においては、決まったことや現時点で安定感のあるものだけに頼ることは、将来的にかえってリスクとなる可能性もあります。多様な知見や技術、ノウハウをもつ、可能な限り多くの企業・アカデミアが参入していろいろなチャレンジを行ってこそ、その中から大きく育つ技術や社会を変えるビジネスが生まれるはずです。JAXA基金を通じて新たな価値をつくるチャレンジをしたいと感じられるような投資政策を打ち出すことが必要です。

宇宙は、ただでさえ参入障壁が高く感じる領域ですから、そのハードルを越えて挑戦しようと考える企業・アカデミアを増やすためには、すでに実績を出している企業のみならず、革新的なアイデアやビジネスモデルを提案できれば基金に採択されるというように、門戸を広げる姿勢が重要なのではないでしょうか。

ＪＡＸＡは前身のＮＡＳＤＡ時代から、長年の事業を通じて多くの成果を挙げてきました。現在も、ＪＡＸＡには素晴らしい技術や高度な知見をもつ職員がたくさん在籍しています。基金の採択先を選定する際には、こうした蓄積をもとに技術の目利きができるでしょう。一方で、宇宙産業を全体としてどう育成するのか、個々の提案が事業としてどれだけポテンシャルがあるのか、といった点の判断にはまだ知見の蓄積が十分でない面があるかもしれません。他省庁や、民間企業、宇宙関連の団体なども連携し、ＰＤＣＡを回しながら事業を進めていく、産業を育てていく取り組みを進めていただければと思っています。

ＪＡＸＡの力で未開拓領域を切り開く

ＮＡＳＡでは、民間に事業を発注する際に失敗してはいけない事業か、多少の失敗は許容される事業なのか、色分けしていると聞きます。同じ１００億円の事業でも、目指すゴールラインに差をつけ、若干の失敗が許される事業には経験の浅いベンチャーが採択されることもあるのです。個人的に、こうした枠組みは日本にとっても非常に参考になると感じています。

第1章で、まだロケット打ち上げに成功していなかったSpaceXが選定され、現在では世界のロケット打ち上げの半数以上を担う企業になったことを紹介しました。失敗それ自体は非常に残念なことですし、国から資金が出る事業の場合は税金が費やされてしまいます。ですが、特に技術開発においては失敗からでないと学べないことは非常に多くあります。

失敗や、それに対する批判を恐れるあまり、新たな取り組みを避けたり、実績が未知数のベンチャーにチャレンジの機会を与えないということが続けば、そこから生まれるものは何もないでしょう。

現在、NASAによるISSへの輸送についてはSpaceXをはじめとした民間企業が担当しており、ボーイングも宇宙船スターライナーによるISSへの輸送に挑戦しています。ある程度民間でできそうだとなった領域については、民間へ開放し、共創・競争できる環境の中で技術やシステムを洗練させていくほうが得策です。

一方で、国でしかできない事業ももちろんあります。それは、アルテミス計画に代表されるような深宇宙探査や、X線分光撮像衛星XRISM（クリズム）のような宇宙科学分野です。すぐに経済的な価値を生むような事業ではありませんが、科学技術の発展に確実に貢献する領域への取り組みは、JAXAにしかできないことです。

そうした観点でいうと、小惑星探査は日本が国として取り組むべき重要なテーマです。小惑星探査機「はやぶさ」の成功や、小型月着陸実証機「SLIM」のピンポイント着陸のような成果からも明らかなように、精密なコントロール技術などにおいて、日本は他国の追随を許さない力をもっています。その力を生かして、さらなる探査に資金を投入すべきです。その先にはレアアースなどの貴重な資源が存在する可能性もあります。

民間に任せる領域においては、産業育成の観点から資金的な支援を行い、科学研究領域においては資金も人も投入していくというような、メリハリある対応が求められると考えています。

市場関係者への提言

全体観を持った投資を

宇宙領域では、数百億円から数千億円の規模の投資が必要とされます。例えば、ISS「きぼう」日本実験棟の開発費は約3000億円、宇宙ステーション補給機「こうのとり」初号機の開発費は約680億円です。当時よりはノウハウが揃っているため、民間でも可能ではありますが、その場合も同様の額が必要とされます。

投資家に期待されるのは、単なる投資だけではなく、全体の戦略やエコシステムの構築に積極的に関与することです。投資家が提供できるのは、収益につながる案件を紹介するだけではなく、ビジョンの策定や関係者のネットワーク構築など、より包括的な支援が求められます。

金融機関は、単なる資金提供だけでなく、企業の成長や発展を支援するためにさまざまな役割を果たすことが期待されます。

例えば、自社のユーザーとなりそうな企業を紹介していただくことはもちろん、「現場ではこういう用途がある」「全然違う業界に使ってもらう」といった循環を作ることができるはずですが、単にExcelの数字だけを見て投資を判断されてしまうケースもあります。

成長率や収益性などの数値は重要ですが、それだけではなく、実態や事業の本質を見極めることが必要です。見るべきところは数値ではなく、実態です。

投資ファンドがリスクの高い事業への出資を控える現状は、大企業や銀行などの投資家がリスクを避ける傾向が影響している可能性があります。特に、大企業や銀行が

LPに入っている場合、彼らのリスク許容度が低いため、リスクの高い事業への出資が難しくなります。

ファンディング機能を提供する場合、エコシステムを整備し、リスクを分散させることが重要です。リスクを取るための専門的な知識や経験を持つパートナーを含め、幅広いネットワークを構築することが必要です。

また、投資ファンドが単に資金を集めて投資するのではなく、スタートアップ企業とのパートナーシップを築き、成長を支援することも重要です。

日本には、イーロン・マスク氏やジェフ・ベゾス氏のような大規模な投資家がいないため、宇宙事業に大きな資金を投入することが難しい状況があります。

また、日本の起業家がＩＰＯ（株式公開）で得られる利益が米国に比べて少ないことも、宇宙事業に十分な資金を集める障害となっています。現在の証券市場は、大規模な資金の流入を促す仕組みとは言い難い状況にあります。そのため、資金の流動性を高め、投資しやすい環境を整備することが重要です。

日米それぞれの投資関係者とやりとりすると、ベンチャー投資において、その姿勢にかなり差があることに気づかされます。5つの観点に分けて表にまとめてみましたが、日本の投資姿勢は総じて慎重で、リスクを忌避する傾向にあり、フロンティア領域である宇宙ビジネスとはやや相性がよくないように感じています。

スタートアップにとって、イグジット（創業者やファンドなどが第三者に株式を売却したり、株式公開をしたりすることにより利益を得ること）の手段は上場以外にはほとんどありません。米国などの金融・ファイナンスが進んでいる国では、上場しなくてもM&Aによる株式譲渡などによりイグジットを達成できます。しかし、日本ではM&Aによる資金流入が少なく、スタートアップを対象とした株式市場も活発ではないため、イグジットの手段が限られています。

スタートアップを対象とした株式市場が小さく、売買が容易ではないため、価値が上がりにくい状況が続いています。米国では未上場スタートアップ株式の2次流通マーケットも活発であり、投資家や買い手が増えることで市場が活性化しています。

日米の宇宙関連スタートアップ投資に対する環境・姿勢の違い

1. 投資環境		
	米国	**日本**
規模と投資セクターの選択	規模・投資領域ともに**多種多様なVCが存在**	米国に比べて規模が小さく、**特定の領域に集中**する傾向がある
リスク許容度	**高リスク・高リターンの投資を好む傾向**があり、革新的な技術やビジネスモデルに積極的に投資	保守的な投資文化が根付いており、**リスクを避ける傾向**が強い
投資スピード	資金調達プロセスが迅速で、意思決定が速いのが特徴	投資プロセスは**慎重**で、意思決定に時間がかかることが多い
2. 投資戦略		
	米国	**日本**
重視する項目	**成長性の高い企業や新興技術**に対する投資が中心	**収益化が見えている**企業や**すでに実績のある**企業に対する投資が多い
投資傾向	多くの企業に**分散投資**し、リスクを管理	投資対象**企業数が限定**される傾向がある
投資ステージ	シードステージやアーリーステージの企業への投資が**活発**	シードステージやアーリーステージの企業への投資に**慎重**
3. デューデリジェンスと契約		
	米国	**日本**
デューデリジェンスの方針	法務、財務、技術、マーケットの各方面から**詳細**なデューデリジェンスが行われる	デューデリジェンスは**慎重**に行われ、特にリスク評価に重点が置かれる
投資条件	契約条件は**柔軟**で、企業の成長ステージや特性に応じたカスタマイズが可能	契約条件は**保守的**で、リスクを最小限に抑えるように設計されている
契約形態	契約書は標準化されており、迅速な締結が可能	契約書の**カスタマイズが多く**、標準的な条件に従うことは少ない
4. 文化とコミュニケーション		
	米国	**日本**
コミュニケーション	意見やフィードバックを**率直に伝える**文化があり、迅速な意思決定が行われる	意見やフィードバックは**間接的に伝えられる**ことが多く、慎重なコミュニケーションが求められる
接点の創出	**ネットワーキングイベントやカンファレンス**が盛んで、投資家との直接的な接点が多く設けられている	ネットワーキングよりも**公式なミーティングや紹介**を通じた接触が多い
文化	**オープンでフレンドリー**なコミュニケーションが好まれる	**礼儀や敬意を重んじる**文化があり、コミュニケーションは丁寧に行われる
5. 支援体制		
	米国	**日本**
提供項目	VCからの資金提供だけでなく、**メンターシップやネットワーキング**の機会が豊富に提供される	VCからの支援は主に**資金提供に集中**しており、成長支援プログラムは限定的
支援の方向性	アクセラレーターやインキュベーターを通じて、**成長支援**プログラムが充実している	**パートナー企業や政府との連携を重視した支援**が行われる

しかし、日本の市場は小規模であり、活発さに欠けるため、価値が上がりにくいという課題があります。

立ち上げ期のスタートアップに投資するエンジェル起業家の増加やリスクマネーの供給は、スタートアップの育成に重要ですが、現在の日本はこうした投資を促進する制度が十分でなく、投資家がなかなか増えません。スタートアップ企業の経営をしやすくする仕組みとともに、未上場企業の売買を活性化するような仕組みを整備することも、起業を盛り上げるためには必要です。

しかし、宇宙領域の資金調達はさらに難しく、その主な理由は現在のマーケットの規模が小さいことにあります。このため、政府の支援が重要ですが、産業としての持続性を考えるならば、エコシステム全体を改善する必要があります。

宇宙産業への投資を促進する可能性の一つとして、宇宙投資減税の制度化が考えられます。宇宙産業への投資に対して税優遇が適用されるため、投資家にとって魅力的な選択肢となります。このような優遇制度があれば、投資家がリスクを取りやすくなり、新たな資金が宇宙産業に流入することが期待されます。その結果、宇宙産業の成長が促進され、産業全体の発展に貢献する可能性があります。

スタートアップエコシステムの構築を

スタートアップエコシステムとは、スタートアップを成長させるための「人材」「資金」「サポート・インフラ（メンター、アクセラレータ、インキュベータ）」「コミュニティ」のことです。宇宙ビジネスを育てていくためには、スタートアップエコシステムの構築が求められます。

まだマーケットがない未成熟の産業においてエコシステムを構築するためには、関係者全員で協力して取り組むことが大切です。どこか1社だけが儲けたいと他を出し抜くようなことをしてしまえば、エコシステムは成立しません。

現時点で宇宙ビジネスのマーケットは非常に小さい状況ですから、ニーズを喚起するとともに、資金が流入して循環する仕組みを作らなければいけません。そのためには資金や人手、場所やナレッジなどさまざまなリソースの確保も重要ですが、1社だけでなく、複数社が集まることでそれぞれが得意な領域を分担してできる可能性があります。

マーケットをつくり、広げていくための取り組みを、宇宙ビジネスのプレーヤーみんなで、持ち合いでやっていく。失敗を恐れず、こうしたチャレンジを繰り返しているうちに、新たなビジネスやサービスが生まれてくる可能性もあります。

このようなエコシステムの構築は、もちろん政府などが旗振り役となっても良いのですが、個人的に、リスクマネーを供給し、かつさまざまな領域のプレーヤーとつながりのある投資家など、金融関係者の方に担っていただくのが良いのではないかと考えています。

ここで私が提案したいのが、特にLEOでの研究開発・ビジネスの活性化を目的にした「地球低軌道促進フォーラム」の構築です。政府・JAXA・民間といった宇宙産業にかかわるステークホルダーが参画し、ポストISS時代に宇宙という環境を利用し、新たな製品やサービスをつくり出す枠組みで、装置開発を行う企業やメーカー、宇宙環境利用を希望する大学・研究機関、大学発スタートアップ、そしてこうした企業などに投資したい投資家などを結びつけます。

このフォーラムでは、まず宇宙環境利用のメリットや可能性を広く社会に伝えるブランディング・マーケティング活動を行うとともに、宇宙環境利用に関心をもつ、もしくはすでに取り組んでいる企業や組織によるコミュニティ活動を推進します。

そうして生まれたネットワークやアイデアに対し、技術や資金面から支援を行うことでシーズを育てていき、将来的な社会実装まで見据えた事業化に取り組みます。

宇宙環境利用に関心をもつ人が増えて多様な領域から人や企業が参画し、さまざまなアイデアや技術シーズが生まれる。さらに、コミュニティの人や組織のつながりの中から、そのビジネス化や社会実装につながる動きが生まれる。ビジネス化・社会実装の可能性が高まれば、さらなる資金の流入も起こるでしょう。こうした一連のサイクルを回し続けることで宇宙産業のエコシステムが完成すると考えています。

政府への提言

明確な宇宙ビジョンを

宇宙産業は国策として進められてきました。製造大手に発注してロケットを作り、大学に宇宙工学科を作ってそのための人材育成をし、大量に雇用も生みました。しかし財政の厳しさが増す中、これまでのような予算の付け方は難しくなっています。

日本には「宇宙基本計画」という大方針があり、いつ何をするかという工程表も定められていますが、それが具体的な今後の世界観や産業の方向性を示しているのかというと、広く国民の皆さんがイメージできるほど平易にはなっていないように感じます。月面探査なのか、小型衛星の製造・開発なのか、宇宙ステーションの運用なのか、国として何に注力し、その先にどのような社会が実現されるのか、誰にでもイメージが湧くようなビジョンを示せれば、より多くの方が宇宙に参画してきてくれるはずです。

日本の宇宙開発において重要な役割を担うのはＪＡＸＡです。前述の通り、ＪＡＸＡには実績や技術、そして信頼が蓄積されています。これがＪＡＸＡの大きな強みであり、これを生かして独自の戦略を打ち出すこともできるでしょう。

産業の裾野を広げていくという意味では、発注構造にも改善の余地があると考えています。現状、文部科学省やＪＡＸＡによる宇宙関連の事業に関しては入札制度が取られています。自由入札ですから、どんな企業でも応募はできますが、実際に仕様書を確認するとある程度の実績を持つ企業でないと難しい条件があるなど、かなりハードルが高いことがわかります。国の威信をかけたロケットで失敗が許されないのであれば、それはかまいません。そのような場合には、特定の企業が受注することは正当化されるでしょう。

しかし、他方で、より多くの企業が競争できる機会を提供することも重要です。予算や条件によって異なる発注制度を設け、実績だけでなく新しい企業やスタートアップにもチャンスを与えるべきです。実績重視の発注制度は一定の恩恵をもたらす一方で、スタートアップの参入を容易にするために、よりオープンで包括的な入札制度に変革していくことが必要です。


宇宙利用に関するルールについては、何をしてはいけなくて、何をして良いのかというガイドラインが整備されていないという問題もあります。

宇宙に旅行をするため、安全性や適切な行動に関するルールは確立されています。しかし、実験装置の利用に関してはルールが存在しないため、個別の対応が求められます。現行の審査は一件ごとに行われており、ルールが整備されていないために審査に時間がかかり、混乱が生じることもあります。何をして良いのか、何をしてはいけないのかルールで定められていないため、挑戦した企業だけが宇宙利用を継続できている現状があります。

そのため、ルールを設定し、企業や研究機関が安全かつ効率的に宇宙を利用できるようにすることが求められます。産業の発展には規制や緩和が必要ですが、宇宙利用においては特に規制の整備が求められます。

政府には、長期的・包括的な宇宙利用だけでなく、宇宙産業の戦略的なビジョンを打ち出すことが求められます。これからの産業展望の中で、宇宙産業がどのような位置づけや役割を果たし、どのように発展させていくのかを明確に示すことが必要です。具体的なビジョンを提示することで、宇宙産業への投資や参入を促進し、日本の宇宙産業の成長を支援することができます。

例えば、「宇宙戦略基金基本方針」（2024年4月26日、内閣府、総務省、文部科学省、経済産業省が作成）を見ても、目的・概要の始まりは「人類の活動領域の拡大や宇宙空間からの地球の諸課題の解決が本格的に進展し、経済・社会の変革（スペース・トランスフォーメーション）がもたらされつつある。従来の米露欧日に加え、中国、インドをはじめとした各国による国際的な宇宙開発競争が激化している」となっています。他国がやっているから日本でも導入すべきだという文書です。

この文書が他国の活動に追随するだけでなく、日本独自の宇宙産業の戦略的なビジョンを示しているかどうかは疑問です。各国の宇宙開発競争の激化を踏まえつつ、日本がどのような戦略を採り、どのような分野でリーダーシップを発揮するのかを明確に示す必要があります。


フロンティア系の産業には、アンカーテナンシーをすべきだと考えます。アンカーテナンシーとは、「企業が開発した製品・サービスを、政府が継続発注、調達という形で購入する」という契約を、政府と企業が結ぶことをいいます。新しい産業の発展や安定化を図ることが目的で、市場が成熟していない領域で有効とされています。

2024年5月、宇宙基本計画工程表の改訂案が公表され、災害時の状況確認等に衛星データを活用することを自治体に促していくという方針が出されました。

これは、2024年はじめに起きた能登半島地震の際に、衛星データの有効性が認識されたことによりますが、こうして地方公共団体が宇宙関連の技術・サービスを積極的に活用していくことは宇宙ビジネスに参入する企業を増やすことにつながっていくと期待しています。

スタートアップ支援の仕組みとして、長期契約を提供することが重要です。

米国では、SpaceXのようなスタートアップが、ロケットを打ち上げたことがない、燃焼試験すらできていない段階でさえも、NASAとISSへの定期便契約を結んでいます。しかし、日本ではこのような事例は考えられません。宇宙ビジネスを本格化させるために、政府はスタートアップに対しても長期契約を提供するアンカーテナンシーの導入を進めるべきです。宇宙ビジネスの拡大には、全体の連携が不可欠です。

宇宙産業は日本経済にとって重要なシナジーを生み出し、その成長を支えるために、政府には積極的な支援を求めます。今こそ、日本が宇宙産業に注力し、その可能性を最大限に引き出すための取り組みを進めるべきです。

おわりに

ビジネスの場として考えたとき、宇宙は非常にマネタイズの難しいフィールドです。まだ、世界の中で宇宙という環境のマネタイズに成功した企業はないと言ってもいいでしょう。

そうした状況の中で、未だないマーケットを創りに行っている、という点に起業家として大きな魅力を感じています。さまざまな課題や問題に対して試行錯誤を繰り返し、自ら道を切り開いていくことは、宇宙ビジネスの面白さのひとつだといえます。

そしてまた、どのようなテーマを選ぶにせよ、ダイナミックさが生まれることも宇宙でビジネスに取り組むときの魅力です。

今ここにないものの創出を目指すには、そこに何が足りないのかを探り、どのようなプロダクト・サービスが必要なのかを考え、トライアンドエラーを繰り返す必要があります。本書では、特に基礎研究や、アカデミアでの宇宙実験活性化の必要性を訴えましたが、この背景には、宇宙の専門家や研究者ではない立場で宇宙ベンチャーを創業した私自身が、こうした試行錯誤の中で、アカデミアの力の重要性に気づいたからです。

ビジネスや研究で宇宙にかかわることは面白く、魅力的で、昨今の報道などで取り上げられる宇宙ビジネスの盛り上がりもそうした面が多いように感じます。しかし、面白い、魅力だというだけでは、宇宙への注目は一過性に終わってしまいます。

私が目指すのは、刹那的な宇宙への盛り上がりに終わらせず、地球と宇宙の経済が循環する仕組みの構築です。現状、地球上で回っている経済の仕組みを、宇宙にも広げていく。そして、宇宙で行われた実験や研究の成果が地球に還元されていく。こうした地球と宇宙が連動して循環していくマーケットをつくりあげたいと考えています。

なお、本書では国際宇宙ステーション（ＩＳＳ）で行われている研究や、地球低軌道（LEO）を中心とした宇宙ビジネスの現状についてふれましたが、これらは、世界中で、日々刻々と状況がアップデートされています。本書で紹介した内容からさらに新しい発見や展開が生まれている可能性が高く、宇宙開発や宇宙ビジネス、そのための宇宙実験に関心を持っていただけたら、ぜひご自身でも最新情報を探してみていただければと思います。

また、本書の制作にあたり、第5章の対談にご協力いただいた北海道大学の藤田知道先生、東京大学医科学研究所の谷口英樹先生には、大変ご多忙な中でお時間を割いていただいたことに深く御礼申し上げます。

加えて、DigitalBlast執行役員の及川雅信さんをはじめとした宇宙開発事業部の森徹さん、松本翔平さん、熊谷亮一さんには、第6章で取り上げた今後の宇宙開発や宇宙ビジネスのあり方について、ディスカッションをともにしていただきました。開発業務の合間を縫って協力いただいたことに心から感謝します。

本書をお読みいただくことで宇宙という環境に興味をもっていただき、宇宙でのビジネスや実験に挑戦しようと考える方が少しでも増えればと思っています。そして、その取り組みの中で、DigitalBlast の名前を思い出していただき、一緒に何か新しいものをつくることができれば、望外の喜びです。

株式会社 DigitalBlast　代表取締役CEO　堀口 真吾

- QPS 研究所／ https://i-qps.net/
- Synspective ／ https://synspective.com/jp/
- アストロスケール／ https://astroscale.com/ja/
- 東京大学・宮本英昭研究室／ http://www.miya.sys.t.u-tokyo.ac.jp/
- Space Power Technologies ／ https://spacepowertech.com/
- Space Adventures ／ https://spaceadventures.com/
- SPACETAINMENT ／ https://www.spacetainment.com/
- バスキュール／ https://bascule.co.jp/company/
- ALE ／ https://star-ale.com/
- ispace ／ https://www.ispace-inc.com/
- インターステラテクノロジズ／ https://www.istellartech.com/
- SPACE WALKER ／ https://space-walker.co.jp/
- Pale Blue ／ https://pale-blue.co.jp/jpn/
- Space BD ／ https://space-bd.com/
- 内閣府 HP 宇宙基本計画／ https://www8.cao.go.jp/space/plan/keikaku.html
- 宙畑／ https://sorabatake.jp/all/
- 東京大学医科学研究所　幹細胞治療研究センター　再生医学分野（谷口英樹教授）／ http://re-medicine.stemcell-imsut.org/

参考資料

- JAXA ｜宇宙航空研究開発機構／ https://www.jaxa.jp/
- NASA ／ https://www.nasa.gov/
- SpaceX ／ https://www.spacex.com/
- Blue Origin ／ https://www.blueorigin.com/ja-JP
- Intuitive Machines ／ https://www.intuitivemachines.com/
- 三菱重工業／ https://www.mhi.com/jp
- トヨタ／ https://global.toyota/jp/mobility/technology/lunarcruiser/
- SPACE Media ／ https://spacemedia.jp/
- AGC ／ https://www.agc.com/
- 大林組／ https://www.obayashi.co.jp/
- KDDI ／ https://www.kddi.com/
- 北海道大学 藤田知道研究室／
https://www.sci.hokudai.ac.jp/PlantSUGOIne/
- Sierra Space ／ https://www.sierraspace.com/
- Axiom Space ／ https://www.axiomspace.com/
- Voyager Space ／ https://voyagerspace.com/
- 三菱商事／ https://www.mitsubishicorp.com/jp/ja/
- 三井物産／ https://www.mitsui.com/jp/ja/
- 一般財団法人リモート・センシング技術センター／
https://www.restec.or.jp/

堀口真吾（ほりぐち・しんご）

株式会社 DigitalBlast　代表取締役 CEO

野村総合研究所、日本総合研究所等にて、主にデジタルテクノロジーを活用した新規事業開発、マーケティング戦略の立案・実行、デジタル戦略立案・実行に従事。特に金融、ハイテク・通信、宇宙を専門とする。2018 年に ISS 等での使用を想定した小型ライフサイエンス実験装置の研究開発を行う DigitalBlast を創業。現在､企業の DX（デジタル・トランスフォーメーション）や宇宙ビジネスコンサルティングを行う DigitalBlast Consulting の代表も務め、宇宙利用の拡大を目指している。

本書は、2024 年 5 月時点の情報をもとに作成されています。

スペース・トランスフォーメーション
人類の生存圏が拡大する時代に向けて

2024年7月23日　初版発行

著　者　堀口真吾
発行者　野村直克
発行所　総合法令出版株式会社
〒103-0001 東京都中央区日本橋小伝馬町15-18
EDGE小伝馬町ビル9階
電話　03-5623-5121
印刷・製本　中央精版印刷株式会社

落丁・乱丁本はお取替えいたします。

ISBN 978-4-86280-956-8
総合法令出版ホームページ　http://www.horei.com/